丛书主编　颜　实

开启**物理之门**

——力学现象与光学现象

科学与文化
泛读丛书

周金蕊　韦中燊　赵文君　编著

U0243446

山东科学技术出版社

图书在版编目（CIP）数据

开启物理之门：力学现象与光学现象／周金蕊，
韦中燊，赵文君编著 . —济南：山东科学技术出版社，
2020.8
（科学与文化泛读丛书）
ISBN 978-7-5723-0142-1

Ⅰ . ①开… Ⅱ . ①周… ②韦… ③赵… Ⅲ . ①力学 –
普及读物 ②光学 – 普及读物 Ⅳ . ① O3-49 ② O43-49

中国版本图书馆 CIP 数据核字 (2020) 第 015100 号

开启物理之门——力学现象与光学现象

KAIQI WULI ZHI MEN——LIXUE XIANXIANG
YU GUANGXUE XIANXIANG

责任编辑：胡　明
装帧设计：魏　然

主管单位：山东出版传媒股份有限公司
出 版 者：山东科学技术出版社
　　　　　地址：济南市市中区英雄山路 189 号
　　　　　邮编：250002　电话：（0531）82098088
　　　　　网址：www.lkj.com.cn
　　　　　电子邮件：sdkj@sdcbcm.com
发 行 者：山东科学技术出版社
　　　　　地址：济南市市中区英雄山路 189 号
　　　　　邮编：250002　电话：（0531）82098071
印 刷 者：济南新科印务有限公司
　　　　　地址：济南市市中区段店南路东红庙 2 号
　　　　　邮编：250000　电话：（0531）59552880

规格：大 32 开（140mm×203mm）
印张：7.5　字数：130 千　印数：1~3000
版次：2020 年 8 月第 1 版　2020 年 8 月第 1 次印刷
定价：28.00 元

前　言

　　物理学是非常重要的基础学科，学好物理是非常重要的。然而，物理在许多学生眼中是非常难学的一门学科，以至于新高考改革后选考物理的考生有所减少，这种现象已经引起有识之士的担忧，认为将削弱国家的创新能力。而另一方面，要求选考物理的高校专业最多，所以选考物理的考生选择专业的范围也最大。

　　物理真的那么可怕吗？如果把物理简单地看成几条定律，恐怕这样的物理即使不可怕，也是枯燥乏味的。而实际上，我们的生活之中到处都充满了物理现象。

　　著名物理学家杨振宁说："物理学的根源在于物理现象。"学习物理应该从认识丰富、生动的物理现象入手，如此既有利于掌握抽象的物理理论，也有利于克服学习物理的畏难情绪。

　　本书介绍的是物理学中力学和光学的一些现象，绝大多数是我们生活中司空见惯的，如果读者能够静下心来认真翻阅一下的话，就会发现物理还是很有意思的。

　　人类认识世界的过程，总是从表象到本质、从定性到定量：首先是看到的，然后才是想到的；首先用一般的语言去描述，然后才用抽象的数学语言去描述。聪明的学习者，应该多读一些课外读物，特别是在还没有被过多的习题、试题将时间完全占据的时候，尽可能多地阅读一些带有科普性质的内容，这会使自己的知识积淀变得厚重。

看到自己小时候玩过的竹蜻蜓居然与直升飞机有着相似的物理学原理，自己小时候抢着玩的荡秋千也蕴含着丰富的物理学原理，杆秤包含着杠杆的原理，火车站台上保证候车乘客安全的黄线主要不是为了防止火车头撞到乘客，后羿射日神话中的多个太阳其实是日晕现象，绚烂多彩的灯光秀是人造光的杰作，甚至每天早晨梳头时用的镜子也有不寻常的发明过程，等等，读者就不会觉得物理枯燥无味了。

科学教育是现代基础教育中非常重要的内容。从小学阶段的科学课程，到初中的分学科学习，科学教育贯穿了一个孩子最关键的成长时期。一方面，科学教育的目的是为国家培养科学家、工程师。例如对于基础科学研究，2018年国务院发布了《国务院关于全面加强基础科学研究的若干意见》，指出"强大的基础科学研究是建设世界科技强国的基石"，提出"坚持从教育抓起，潜心加强基础科学研究，对数学、物理等重点基础学科给予更多倾斜"。另一方面，科学教育的目的是提升整个国家公民的科学素养。通俗地讲，科学素养就是一个人能够用比较客观的、理性的眼光去看待问题，而物理对提高学习者的科学素养有着巨大作用。所以，学好物理，无论是对自己还是对国家都意义重大，而帮助读者学好物理正是作者编写本书的初衷。

本书不是充满了复杂的物理学原理的教科书，而是一本带有休闲消遣性质的科普书。闲来无事的时候，读者随便翻阅其中的一篇文章，正好看到自己熟悉的经历或似曾相识的场景，会心一笑甚至恍然大悟，我们的目的就达到了。

本书分为两大部分——力学现象和光学现象，共包含66篇相对独立的文章，其中与力学现象有关的文章30篇，与光学现象有关的文章36篇，内容涉及较多有趣的物理学史知识和人物故事。

本书上篇主要由周金蕊和赵文君执笔完成，下篇主要由韦中燊执笔完成。限于作者能力，疏漏之处难免，还请读者见谅。

编著者

目 录

上篇　力学现象

上 篇

力学现象

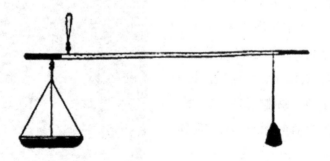

一、古今玩具种种

玩具虽然多是为儿童设计的，但许多玩具其实是老少咸宜的，而且因为老者已积累大量的经验，玩起来会更加娴熟。在积累一些经验之后，还可以有一些理论上的探索，如对于抽陀螺和抖空竹所蕴含的力学知识如果能了解一些，可能会玩得更加聪明。

1.1　陀螺与被中香炉

陀螺是中国的传统玩具，至今已有四五千年的历史，古人留下了许多有关陀螺的记载。制作陀螺的材料不一样，有陶制、木制、竹制、石制，但以木制居多。"陀螺"这个名词，最早出现在明朝，当时，陀螺已成为少年儿童们非常喜爱的玩具。常见的玩法是，先用一根小鞭子的鞭梢缠在它的腰部，再用力

图1.1.1　陀螺

一拉, 使之旋转起来, 然后用鞭子不断抽打, 让其旋转不停。

在不受外力影响下, 高速旋转陀螺会转得很稳, 并保持自转轴与地面垂直的方向不变。陀螺转速慢下来之后, 只要仔细观察就会发现, 陀螺会在自转的同时, 还绕着另一固定的转轴不停地旋转, 这就是陀螺的进动。其实, 地球就像一个巨大的陀螺, 不光是地球, 宇宙中许多星体都像大大小小的陀螺。

用连锁环保持中心处的东西直立的装置称为万向支架, 也称为常平支架。在欧洲, 1500年意大利学者达·芬奇提出类似设计, 意大利科学家卡丹最早给出了万向支架的设计, 所以西方人把万向支架叫作"卡丹吊环"或"卡丹环"。将万向支架的结构应用到车辆中, 可以在不平的道路上平稳行驶, 利于做运送病人之类的工作。

其实, 早在2 000多年前, 中国人发明的"被中香炉", 其结构原理就与万向支架一样。被中香炉是中国古代用于点燃香料熏衣物及取暖的球形小炉。其外壳由两个半球合成, 壳上镂刻着精美的花纹, 花纹间的缝隙用以散发香气。球壳内部装

图 1.1.2 被中香炉

有大小两个环，大环装在球壳上，小环则套在大环内，两个环的轴相互垂直。置入香料的小碗又用轴装在内环上，并使小碗的轴与两个环的轴都保持垂直。由于这3根轴互相垂直，不论香炉的外壳如何滚动，置放香料的小碗在重力作用下，能始终保持水平状态。

把陀螺与万向支架结合起来就组成了陀螺仪。在第一次世界大战期间，德国与美国先后把陀螺仪装在飞机上用于飞机倾斜与转弯的指示。到了1929年9月，美国人多里特应用无线电、陀螺水平仪、航向陀螺仪来控制飞行。1931年，美国人鲍格斯借助陀螺仪完成飞机在夜间与有云雾的天气下的航行与降落。第二次世界大战期间，德国人把陀螺仪安装到V-2导弹上来控制导弹的飞行。制导仪器中最重要的敏感测量元件就是陀螺仪。

图1.1.3 陀螺仪

今天，陀螺仪的应用越来越广，除了用于航海、航空、航天导航外，还大量用于坦克与火炮的稳定、攻击鱼雷与导弹的定向、车辆特别是单轨车辆的稳定、工作平台与测量仪器的稳定等，也用于摄像平台的稳定，以保证摄得影像的质量。

陀螺是一种重要的"玩具"，它的"变形"很多，如竹蜻蜓、空竹。类似的"陀螺"还可以举出一个例子，即飞行时的子弹。投掷出的手榴弹是翻滚着飞行的，但子弹不能这样飞行。由于空气动力（像陀螺自身的重力）的作用，子弹会翻滚。所以，子弹在枪膛内要加旋，即让子弹出膛后旋转着飞行。子弹就像一个绕着自身的轴旋转的陀螺，这样可以保证子弹稳定地飞行。但是，就像陀螺，如果它的旋转慢下来就要倾倒，所以子弹的旋转速度要大于一个数值。

1.2　竹蜻蜓、直升机与飞去来器

蜻蜓是一种常见的昆虫，竹蜻蜓则是指一种儿童玩具，二者并无关联。竹蜻蜓高速旋转时能产生升力向上飞起，有时看上去像蜻蜓一样停在了空中，故取名为"竹蜻蜓"。早期的竹蜻蜓往往是以竹片手工制成的，现如今，塑料材质的竹蜻蜓因易于规模化生产、成本低廉而更常见。

对于竹蜻蜓"飞"起来时获得的升力，既可以用动量定理和牛顿第三定律解释，也可以用流体力学的伯努利原理进行解释，还可以从力矩的角度解释。

竹蜻蜓在国外被称为"Chinese flying top"，即"中国飞陀螺"，可被认为是直升机的原形。早在热气球发明之前，竹蜻

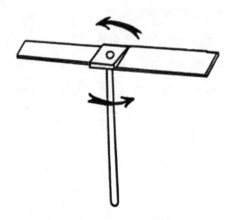

图 1.2.1　竹蜻蜓

蜓就作为玩具传到了欧洲，因奇妙的垂直升空功能被欧洲人看成是一种航空器，并进行研究，从竹蜻蜓中悟出了一些航空知识，对直升机的研究有所启发。1754年，俄国科学家罗蒙诺索夫已开始研制世界上第一个共轴式直升机；1784年，法国博物学家劳努瓦和工匠比埃佛尼在法国科学院演示了一个直升机模型；1796年，被誉为"航空之父"的英国人乔治·凯利仿制并改造了"竹蜻蜓"，并于1809年发表了制作小型直升机的详细说明；1880年，美国发明家爱迪生用蒸汽发动机对直升机模型做了大量试验。helicopter（直升机）这个词是由法国人阿梅古于1863年创造出来的。

1907年，法国人保罗·科尔尼研制出一种双螺旋翼纵列式直升机，并驾驶这架"飞行自行车"向上飞行了0.3米，连续飞行了20秒。这与莱特兄弟1903年的飞机试飞水平差不多，但标志着直升机的真正诞生。1923年，西班牙人西尔瓦研制成功历史上第一架带有铰接桨叶的旋翼机；1924年，西班牙人佩斯卡拉设计出"佩斯卡拉3号"直升机。1939年，"现代直升机之父"——美籍俄裔伊戈尔·西科斯基研制的直升机试飞成功，这是世界上第一架成功使用尾部旋翼控制方向的直升机，也是世界公认的第一种投入实用的直升机。

图1.2.2　保罗·科尔尼研制的"飞行自行车"

从历史的角度看，竹蜻蜓只是一种旋翼装置，是不可控的。现代直升机的旋翼系统虽近似于竹蜻蜓，但作为一套复杂系统，科技含量已远高于竹蜻蜓。其实，达·芬奇的奇思妙想也是直升机构思的来源之一。作为一个工程师，达·芬奇绘制了众多工程技术方面的设计草图，其中有一幅"上升螺旋"飞行器。这个飞行器仿佛一个巨大螺旋面（像有顶棚的凉亭），由人力使螺旋转动，进而升空。

在中国，早在清初，有一位名叫"徐正明"的苏州人发明了一种飞车，它形似"栲栳"（由柳条编成的容器，形状像斗），故名为"栲栳椅"飞车。它采用了类似齿轮传动的装置，依靠

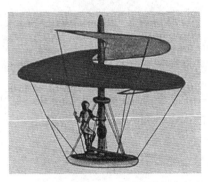

图1.2.3　达·芬奇的"上升螺旋"飞行器

人力驱动，靠齿轮带动螺旋桨，竟然能够"离地尺余，飞渡港汊"。

有趣的是，竹蜻蜓还能变身为其它玩具。如拔去竹蜻蜓的竹柄，执住桨叶的一端大力向前掷出，使竹片边旋转边拐弯。这样，竹蜻蜓就变成另一种有趣的玩具——"飞去来器"或"自归器"，也常常被称为"回旋镖"。

在西方，飞去来器被称为 boomerang，意思是飞出去又（能）回来。它的形状有很多种，常见的是 V 字型和三叶型。最早的飞去来器是澳大利亚的土著人打猎所用的工具。澳大利亚考古发现，在3万年前，至迟也在15 000年以前，在岩洞里土著人留下的岩画上，就可看到飞去来器了。考古工作者在欧洲、非洲和亚洲的许多地方也都发现了飞去来器的遗存。中国古人也玩飞去来器，1979年，在江苏海安县青墩新石器时代文化遗址的墓葬中曾发现6件飞去来器。1996年，澳大利亚人正式推出了2000年悉尼奥运会的会徽，会徽图案上方用飞去来器组成一个举着奥运会火炬奔跑的运动员形象。这个会

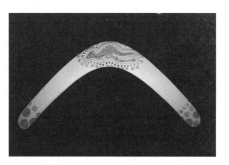

图1.2.4　现代飞去来器玩具

图1.2.5　澳洲有关飞去来器的岩画　　图1.2.6　2000年悉尼奥运会的会徽

徽向世人宣示，飞去来器是澳大利亚的一种"国粹"般的文化符号。

　　事实上，飞去来器的构造虽然很简单，但它的飞行原理却不是显而易见的。由于飞去来器上各点相对于空气的速度不同，因而产生的升力也不同，其中心所受升力的合力的作用方向是垂直于飞去来器的旋转面的。合力的作用有两方面：一方面，如果飞去来器的旋转面与地面平行，合力的方向就向上，它可以托住飞去来器使它不会很快落到地上；另一方面，如果飞去来器的旋转面不与地面平行，合力方向的指向可以使飞去来器拐弯。其实，合力矩的作用会使飞去来器的旋转平面发生改变，升力和旋转面改变的联合作用才是飞去来器能够飞回来的真正原因。总的来说，投回旋镖者要控制好镖的初速度和角速度，这样才能使镖飞回投镖者的手中。

由此可见，竹蜻蜓和飞去来器在飞行时都有点像陀螺，它们是空中的陀螺，也有与陀螺类似的运动规律。

现在，如果你手边有个竹蜻蜓或是飞去来器，就来体会一下其中的乐趣吧！

1.3 嘹亮声音透碧霄的空竹

空竹一般为木质或竹质，中空，因而得名，是一种用线绳抖动使其高速旋转而发出响声的玩具。

空竹是一种有悠久历史的玩具，在不同的时间和地域有着不同的名字。明清以前，人们叫它"空钟"，在南方有人叫它"嗡子"，天津人叫它"风葫芦"或"闷葫芦"，四川人叫它"响簧"，上海人叫它"哑铃"，山西人叫它"胡敲"，长沙人叫它"天雷公"，台湾人叫它"扯铃"，北方人则大多叫它"空竹"。

三国时期，著名诗人曹植专门写过《空竹赋》（已失传），说明在当时已流行玩空竹。宋代周密的《武林旧事》和孟元老的《东京梦华录》中，都提到了"弄斗"，也就是玩空竹。在《水浒传》中，宋江征讨方腊时，他看到有人在抖空竹，有感而发，赋诗一首，听着空竹发出的声响写出了"一声低了一声高，嘹亮声音透碧霄"的句子。

到了明代，抖空竹的人，不只是讲究抖动的方法，还有了游戏的规则。有在地上抖的空竹（与陀螺有些相似），还有可以在空中抖的单盘空竹。清代时在空中抖的空竹还出现了双盘空竹。

双盘空竹主要是由两个盘和一个轴组成的。把空竹悬挂在两根小棍顶端的绳子上，只要用手来回拉动两根小棍，便可以使双盘空竹不断加速运动，发出嗡嗡声。

图1.3.1　双盘空竹

抖空竹可能起源于宫廷之中。在民间，抖空竹成为儿童喜爱的一种游戏。儿童的空竹也是一种音响玩具，并且在春节前后玩耍，是一种节令玩具。明代的歌谣中提到"杨柳儿青，放空钟"，就是说春季适合抖空竹。记叙清代北京四季风俗的《燕京岁时记》中也有类似的说法："空钟儿响，鞭竹儿爆，正月十五又来到。"在早期的杨柳青年画中，就有小孩子抖空竹的场景。

在集市中或庙会上，常常有专门的空竹摊子，摊主一边表演着抖空竹，一边兜售空竹。清代学者李虹若在《朝市丛载·时尚》中提到："每逢庙集，以绳抖响，抛起数丈之高，仍以绳承接，演习各样身段。"民国时期，人们把各种各样的玩具集中在厂甸庙会上，摊主通过高超的抖空竹表演招徕顾客。抖空竹既是在民间广泛流传的游戏，经过专业演员加工后又成为一个有较高难度的杂技节目。

空竹也可看成是陀螺的另一种形式，其形状（尤其是单盘空竹）、原理与陀螺很相似。空竹与陀螺也曾一起流传到西方，19世纪初，抖空竹的游戏随航海者传到欧洲，许多外国人也玩抖空竹了，《不列颠百科全书》中"陀螺"条说："中国的空竹于拿破仑时代传入欧洲，风行一时。"

1.4 呼啦圈

呼啦圈20世纪50年代风靡欧美国家。呼啦圈不仅能健身、减肥，而且玩法简单、易学，无论何时何地，也不论男女老少，只要将呼啦圈套在腰部用力顺时针或逆时针一甩，同时使腰部向同方向旋转，并保持二者的协调，呼啦圈就能长时间绕着人体转动。

乍一看，呼啦圈是在水平面

图1.4.1 玩呼啦圈

上运动，但由于重力，呼啦圈会自动下滑。所以，为了克服重力的作用（使呼啦圈不掉下来），玩家必须对呼啦圈施加向上的冲力。这种垂直方向的力只能通过呼啦圈和人体之间的摩擦来获得。在呼啦圈上缠着表面粗糙的布质胶带，就是为了增加摩擦系数而采取的措施。为了产生垂直方向的力，玩家的膝关节并不挺直，要有一定的角度。通过膝关节角度的变化，腰部可以通过呼啦圈和人体之间的摩擦对呼啦圈施加垂直向上的冲力。

在玩呼啦圈时，需要将腰部运动和呼啦圈转动协调起来。由于空气阻力和摩擦，呼啦圈的动能被不断消耗，玩家必须通过腰部的水平运动给呼啦圈补充动能。腰部运动是直线运动，或是前后摆动，或是左右摆动。腰部运动和呼啦圈转动的相对相位必须精确地控制，才能有效地补充能量。

在表演时，往往要把多个呼啦圈放在身体的不同部位进行转动，不但要使身体的不同部位根据呼啦圈的旋转相位来施加水平力，而且还需要给每个呼啦圈适当的提升力，以保持其在预定的水平面上旋转。为了表演，还要让呼啦圈按顺序上升或下降，在这个过程中，对每个呼啦圈都需要在适当的时间施加适当的额外力，以使整个表演流畅自如。

其实，古人很早就用葡萄藤和草编织成呼啦圈（圆环）。3 000多年前，埃及的孩子们玩着干葡萄藤制作的大呼啦圈。在14世纪，"转圈"的热潮席卷了英格兰，在男女老少中都很流行。19世纪初，当英国水手访问夏威夷群岛时注意到"转圈"与呼拉舞蹈之间的相似性，于是"呼啦"（hula）一词就与这个圆圈联系起来了。1957年，一家澳大利亚公司开始在零售店销售木圈；次年，两个年轻的玩具制造商理查德·内尔和阿瑟·梅林觉得这也许是个不错的商机，就开始制作木圈，但木圈太沉，转起来太费劲，于是他们想起了塑料，把一根3米长的彩色塑料中空管两头一接便成为一个漂亮的圈，hula hoop（呼啦圈）由此诞生。"在1958年，如果世界上的哪个地方没有人玩这种美国塑料圈就说明这地方尚未'与世界接轨'。"这是描述呼啦圈流行的最经典的用语。然而，到1959年夏天，许多城市中被丢弃的呼啦圈就成堆了。中国也是如此，20世纪80年代，呼啦圈一夜之间风靡中国，成为全中国男女老少的最爱，每个城市的每个广场、每个公园都成了扭动着腰部的人海。然后，又仿佛一夜之间，这个令全民狂热的玩具便销声匿迹，被冷落到房间的角落。

1.5　毽子和羽毛球

与呼啦圈不同，在中国毽子是长盛不衰的玩具，一直受到玩家们的青睐。

踢毽子是一项很好的全身性运动，毽子好踢，既是游戏，又可锻炼身体，一举两得。踢毽子也并不是孩子们的专利，公园里、广场上或树林中，只要有一片空地，大爷大妈们也可以将小小的毽子踢出不少花样，甚至大爷大妈们比起孩子们还要技高一筹。现在，一起玩毽子的常常称为"毽友"。踢毽子也是按照节令开展的，所以过去有"空钟放罢寒冬近，又见围喧踢毽场"的说法。

　　毽子又称毽球，文人也有称为"燕子"的，还有古称"抛足戏具"。根据材料的不同，有鸡毛毽、皮毛毽、纸条毽、绒线毽等。相传，距今3 000多年前的商朝，就有一种边跳边踢的舞蹈，这可能就是踢毽子的雏形。1913年，山东济宁喻北屯城南张村一个东汉墓中出土了23块画像石，上绘8人在表演踢毽子，他们的动作和谐舒展、潇洒自然。

图1.5.1 毽子

　　明清时期，踢毽子的人越来越多，还把踢毽子和书画、下棋、放风筝、养花鸟、唱戏相提并论。

　　毽子中的毽砣几乎集中了毽子全部的质量，但是，要避免毽子在空中翻滚，就要靠毽羽的作用了。将羽毛插在毽砣上，就像箭杆的尾羽一样，能起到稳定飞行的作用。同样，就像箭杆的尾羽一样，在18世纪，印度人发明了一种玩具，他们把鹅的羽毛插在一个圆形的硬纸板上，固定好。在玩的时候，两个人各用一个木拍子将这种玩具击打向对方，就这样来回打来打去的。后来（1870年），在印度生活的英国人把这个"羽毛球"

带回了英国，大家也在一起玩这种打"羽毛球"的游戏。不过，英国人对这种"羽毛球"进行了改进，他们把羽毛插在一个软木球上，拍子也不是木板了，而是网状的，这就更像现在的羽毛球和球拍了。1873 年，英国人在巴德米通（Badminton）镇举行了羽毛球表演赛，很快就风靡英国。英国人还把这种游戏直接命名为 badminton，翻译成中文意译为"羽毛球"。后来，这种游戏逐渐演变成一种运动项目，制定了各种规则，包括赛制的规则。1992 年，在巴塞罗那第 25 届奥林匹克运动会上羽毛球还被规定为正式的比赛项目。羽毛球的飞行也与带羽毛的箭杆的飞行很相似。

毽子的运动速度并不快，它的羽毛也比较软。羽毛球则不同，它的羽毛比较硬，飞行得也比较快。羽毛球受到的空气阻力较大，但在运动员大力击打之后仍然能获得较大的速度（当然，因为阻力大，它不能飞得很远），这种较大的速度可使羽毛球的飞行有较好的稳定性。给飞行物加装羽毛，类似的"应用"在自然界中也能看到。例如，枫树（学名是槭树）的种子外形像个带翼的飞行器，称为"翅果"，这种翅果能被风吹得很远。有趣的是，在这个翅果下落之时，一定是包着种子的一头着地，这有益于种子的生根发芽。

某些武器装备投掷或发射的弹体也都要加装尾翼，以保证其飞行是稳定的，如空投的炸弹、火箭炮发射的火箭弹、迫击炮发射的炮弹。这些炸弹或炮弹的形状大都接近圆柱体，一端是尖头，另一端加装尾翼。这些弹体如果不加尾翼，就会像投掷出的手榴弹，不停地翻滚，因为这些弹体受到的合力的作用点位于质心的前方，这会使弹体发生翻转，并且偏离轨道。加装尾翼之后，由于空气动力的作用，合力的作用点移到弹体质心的后方，这就使倾覆力矩转变为恢复力矩，防止其倾覆与翻转。

可见，给飞行物体加装尾翼是一件很重要的事情，并非可有可无，更不是只为了美观。

1.6　溜溜球

溜溜球也常常被称为"悠悠球"，后一个名称来自于菲律宾的土语 yo-yo。译成"悠悠"是音译的结果，但中文的"悠悠"有"漫长的"之意，而 yo-yo 的本意是"回、回"，即"回来、回来"之意。中国人称"溜溜"，描述小球在细绳的牵引下很顺溜或滑溜的状态，很形象，也很有诗意。

溜溜球的结构很简单，就是一根细绳拴着一个小球，现在常常被制作成一个扁的小圆饼的样子。操作起来也很简单，小孩子很快就可以掌握。虽然有些小技巧，但是并不复杂，几个儿童一起玩，可在彼此之间显示或交流这些小技巧，使儿童学会营造出一种和谐的氛围。在校园内玩溜溜球一度很时尚。

据说，溜溜球源自中国的远古时期，后传到欧洲。在1789年，欧洲人描绘了法国皇帝路易十七玩溜溜球的情景。由于传到了贵族的手中，溜溜球的材质就不用木头了，而使用玻璃，甚至还采用贵重的象牙。在1791年，英国人还记载了英国王室威尔士亲王（后来成了乔治四世）玩溜溜球的情景。

其实，出土的希腊陶盆上已有青年人玩溜溜球的情景，这

是公元前6世纪的遗物。古埃及神庙的壁画中也有玩溜溜球的内容。当然，后世人玩的溜溜球应该是独立发明的。大约在1920年，菲律宾人佛洛雷斯移居美国时把他们玩的溜溜球（菲律宾人叫悠悠球，所以美国人也跟着叫悠悠球，即 yo-yo）带到了新大陆并批量制造。这些溜溜球风行于20世纪30年代，给大萧条时期的美国人带来了不少的欢乐。1932年，美国实业家邓肯买下了佛洛雷斯的公司。

邓肯觉得原来的"yo-yo"过于简陋，作了改进。他在小短轴上加了一个滑环（或称滑道），使小圆轮能原地空转，也使溜溜球的旋转更加好看。为了传播这种游戏，邓肯还组织了各种竞赛，成立了俱乐部，使溜溜球声名远播。20世纪40年代，邓肯对溜溜球的发展贡献更大了，并成为制造溜溜球的魁首，直到60年代破产。

今天人们玩的溜溜球不少为木制，更多为塑料制品，只是两个厚的圆盘以短轴牢固地连接起来，短轴上系着细绳，绳子的另一端套在玩家的手指上。

在玩溜溜球之前，要将细绳缠绕在短轴上。放手后溜溜球

图1.6.1 溜溜球

自由下落，同时小球会旋转起来，并且不断加快。当达到最低点时，它的转速达到最大值。之后，由于惯性的作用，它又会沿着细绳向上转起来，但转速会变慢，在达到最高点时减至零。玩家的手一抖一抖地操作着溜溜球，小球就一升一降地往复运动着，并可玩出一些花样。分析溜溜球的运动和受力情况，可以看到，小圆盘先向下运动，后向上运动：在向下运动时，圆盘受到两个力，即重力和细绳对圆盘的拉力（也叫张力），这两个力形成一个力偶（不懂这个名词并不影响理解下面的内容，它相当于力矩），它使圆盘加速旋转；当然，圆盘向上运动时，它使圆盘减速旋转。也可以从功－能关系上去描述，即重力先后做正功和负功，使动能与势能相互转化。有的老师在课堂上讲机械能守恒定律时，使用溜溜球作为教具。

1985年4月，航天员在"发现号"航天飞机上进行了溜溜球实验，研究在微重力的环境下溜溜球是如何运动的。1992年7月，"阿特兰蒂斯号"航天飞机也把溜溜球带上了，按照美国人的设计，航天员要进行一种被称为"悠悠球消旋"的研究。

航天员实验的消旋技术在航天上有大用处。消旋技术并不复杂，但却非常重要，因为要用在卫星上。当卫星随着火箭升到指定的地点，星箭分离之后，要用消旋技术。在此之前，所使用的消旋技术是喷气的方法，但要耗费一些燃料，yo-yo消旋技术则简便多了。

yo-yo消旋的方法是，在卫星对称的两侧各固定一根绳索，绳索另一端系上一个质量块。在星箭分离之后，锁定着的绳索和质量块被释放，并且在离心力的作用下向两侧张开。这就像蒸汽机上使用的离心式（自动的）调速器。借助这种消旋技术可以调整卫星旋转的情况。看上去，卫星就像一个大号的溜溜球。

溜溜球的用处还不止于此。对人类来说，资源是极其重要的，但是，地球上的各种资源都是有限的。所以，人们就想开采太空中的资源，比如俘获小行星。在把小行星运回地球时，就要利用消旋技术，将小行星看作一个巨型的溜溜球。

科技工作者曾经看上了一颗小行星，这是一颗重达160万吨、直径100米的小行星，它的自转周期是6小时。为把它拽到地球上，就要对它进行消旋。经过计算，确认只需要把两根长为6千米的锚索固定在这颗小行星的对称的两侧，另一端各拴上一个重约6吨的质量块，就能使这颗小行星消旋。

1.7 弓箭与弹簧

弹力是人类很早就发现和利用的一种力。在遥远的古代，人们就已经知道利用弯曲树枝产生的弹力来进行渔猎活动，后来更发明了利用弹力的弓和弩。弓箭的出现，不仅是原始人类智力进步的体现，也大大地促进了人类生存空间的进一步扩大。弓箭蕴含着一些物理学知识，既涉及物理上的压强知识，又用到了作用力与反作用力的知识，而且还是弹性形变和弹力知识的实际应用。

古人很早就广泛地使用弓箭了。山西朔县距今2.8万年的旧石器时代遗址出土的用燧石制造的箭镞（箭前端的尖头），

图1.7.1 石箭镞

就是在中国发现的最早的使用弓箭的证据。弓箭的使用是人类物理技术发展中的一次重大的进步,人们认识到可以利用有弹性的物体来储存能量,并使之为人类服务。

中国古人认为"弓生于弹",即认为弓箭的产生与弹弓有着密切的关系。弹弓在中国曾广为流行,老北京天桥的杂耍艺人中还有人使用弹弓进行表演。随着制弓技术的发展,弓箭逐渐得到了改良。箭加装了镞和羽翼,提高了穿透力和稳定性。

随着防护器具(如盾牌)的发展,对弓的要求越来越高。更大的穿透力,更远的射程,更高的准确性,这些都要求弓能够储存更多的能量。于是弓干相应地也就变得更硬,也就要求射箭的人更有力量。但是人的力量毕竟是有限的,当超出了双臂的力量极限之后,人们就不得不去想其它的办法,于是人们又发明了弩。战国时期青铜弩机的发明,使弩成为名副其实的中华利器。

弩是由弓和弩臂、弩机三个部分构成的。弓横装于弩臂前端,弩机安装于弩臂后部。弩臂用以承弓、撑弦,并供使用者托持；弩机用以扣弦、发射。使用时，将弦张开以弩机扣住，把箭置于弩臂上的矢道内，瞄准目标，而后扳动弩机，弓弦回弹，箭即射出。弩作为一种可控的弓，还可以借助臂力之外的其它动力来张弦，所以强度可比弓大，因而能达到比弓更大的射程。

关于材料强度方面的研究，不少科学家做过这方面的实验。像意大利著名的科学家达·芬奇，曾经用铁丝吊起一只篮子，然后慢慢向篮中加沙子，当铁丝断裂的时候，记下沙子的重量；伽利略也做过类似的实验，还测量过悬臂梁加上重物以后的弯曲程度。他们用这些实验研究材料的强度问题。1678年，胡克也开始研究这个问题，并且最终发现了一条重要的规律，这就是"胡克定律"。

胡克是一个很有实验才能的人，但是他有一个毛病：总喜欢炫耀自己。特别是当别人无法做到某事的时候，他就非要成功，以显示自己的才能。

图1.7.2　胡克

　　胡克的实验装置很简单。在一根弹簧的下面系着一个托盘，把弹簧固定好之后，往托盘中放砝码。每放一次砝码，就记录一次弹簧的长度，然后计算出弹簧的伸长量。通过比较弹簧的伸长量与托盘中砝码的重量，胡克发现，弹簧伸长量与弹簧受到的拉力成正比。这一发现，使胡克十分兴奋。弹簧的这种性质是不是对所有的弹性体都适用呢？胡克知道，必须用实验来证实自己的猜想。后来，胡克通过大量的实验发现：任何有弹性的物体，弹性力都与它伸长的距离成正比。

　　在发现这个规律之后，他担心别人剽窃他的研究成果，就把自己的这个重要发现隐藏了起来，并用"密码"的形式记了下来。这个"密码"是 ceiiinosssttuv。不久，胡克又公开宣布，只要有人能够在两年之内发现弹簧伸长的规律，就可以享有优先权。

　　两年过去了，还是没有人公布这方面的发现，胡克感到很高兴，于是他隆重地公开了自己的秘密。他骄傲地解开了那个"密码"，重新把那些字母组合一遍，它们就变成了：ut tensio, sic vis。这是一个拉丁文句子，意思是"力的变化同伸长相同"。

1.8　荡秋千

　　秋千是中国古代北方少数民族创造的一种运动游戏。春秋时期，据说是齐桓公把荡秋千的游戏引入了中原。在传入中原地区之后，因其设备简单，容易学习，故深受人们的喜爱，并在各地流行起来。在汉武帝时期，后宫也有秋千的游戏，据唐代人记载："秋千者，千秋也。汉武祈千秋之寿，故后宫多秋千之乐。"

汉代以后，秋千逐渐成为清明、端午等节日进行的娱乐活动，唐代大诗人杜甫有"十年蹴鞠将雏远，万里秋千习俗同"的诗句。

在古代，一些少数民族还有关于秋千活动的竞赛。1986年2月，中国的国家体委制订了《秋千竞赛规则》（草案），秋千也被列为全国少数民族体育运动会上的正式比赛项目。

如果一个人在荡秋千的时候，自身不站起、蹲下，可将人和秋千的踏板看成一个重心不变的质点。摆动时，在秋千从最低点荡到最高点的过程中，重力做负功，系统的动能转化为系统的势能；当秋千从最高点荡回到最低点时，系统的势能又转化为系统的动能。整个过程机械能守恒，秋千将作等幅摆动。当然，在这样的分析中忽略了空气阻力和其它阻力，很明显，这是一种理想化的状况。

人在荡秋千时，都希望越荡越高，有经验的人不需别人推

图1.8.1　荡秋千

送，自己就能越荡越高。那么，在自己荡秋千越荡越高的情形中，机械能的增量来自何处呢？

荡秋千的人自己用力时，系统无法从外界获得能量，但是可以通过人在秋千上站起或蹲下来增加系统的机械能。当人荡到平衡位置时突然起立，此时人的重心上移，系统的重力势能增大，而切向速度未变即动能未变，这样，系统的机械能增大。在秋千从最低点荡到最高点的过程中人慢慢下蹲，当升至最高点时再迅速站起，使重力势能增大。在秋千由最高点荡回到最低点的过程中人再慢慢下蹲。重复这样的动作，秋千就会越荡越高了。

1.9　走钢丝

走钢丝简称走索，也就是走钢索，是一种非常传统的杂技项目。表演者站在一条钢索上，在高空进行惊险的表演。在走钢丝的过程中，往往会借助于一些道具来增加稳定性，使用较多的道具是长杆，有时还用到自行车及吊架等器械。

图1.9.1　走钢丝

2003年8月22日，有"高空王子"之称的阿迪力，手持又重又长的长杆，脚踩细细的钢索，健步跨越了垂直深度为662米、跨度为687米的重庆奉节天坑，创造了走钢丝的新的世界纪录。

阿迪力手持的长杆长约10米，质量约为20千克。这根又长又重的杆，其长度和质量都是经过精心设计的。这根长杆究竟起什么作用呢？

根据平衡原理，走钢丝的人，如果处于静止状态，必须保证系统（人与长杆）的重心位于钢丝的正上方，使系统的重力与人脚上受到的钢丝绳的支持力位于同一竖直的平面中。但是，由于人在钢丝上不停地走动，每时每刻都保持重力和支持力在这个平面中是很困难的，系统的重心会在钢丝的上方小幅度地左右来回摆动。所以，走钢丝的人必须有一个主动调整系统重心的有效而可靠的手段，这个长长的杆就是用来随时调整系统的重心的。重心偏左时向右调，偏右时向左调，保持偏差不要过大，就可以稳步向前走去。

那么，走钢丝的人怎样使用这个工具呢？

对于这个问题，一个看起来很合理又很简单的想法，就是如果重心向一侧偏，就把长杆向另一侧水平移动一点。不过，遗憾的是，这个看起来似乎十分合理的想法其实并不正确，因为当人把手里的长杆向一个方向平移的时候，长杆会给他一个方向相反的作用力（即反作用力），这个力将会使他之前的重心偏移情况加重。换句话说，平移长杆带来的效果与这个动作本身带来的重心偏移相抵消，对之前的偏移不会带来任何的弥补效果。

正确的方法是转动手里的长杆。为什么是转动呢？在解释这个问题之前，先来介绍一个有关的物理概念。惯性，这个概念对于每一个学过物理的人来说，都应该是很熟悉的。那么，到底什么是惯性呢？用力学的语言来说，惯性是物体维持原来运动状态的特性。展开了说就是，如果原来物体是静止的，那它就要维持这种静止状态；如果它之前是有速度的，那就要维持这种速度。无论是哪一种情况，要想改变的话，都必须另外施加力的作用。抛开物理的严谨，其实惯性可以看作一种惰性，就好像人早上极其不愿起床一样，没有外来力量强迫，总是不愿意离开温暖的被窝，其中起着作用的就是我们的惰性。

就力学而言，决定物体惯性的唯一因素就是物体的质量，物体的质量越大，其惯性就越大。事实上，物体移动的时候有惯性，转动的时候也有惯性，而转动的惯性不仅与物体的质量有关系，还与物体的质量分布有关系，一般来说，质量分布距离转轴越远，转动惯性越大。在比较严谨的场合，转动惯性被称为转动惯量。

弄清楚了物理概念之后，我们再回过头来看看钢丝上的人和长杆。

首先，毫无疑问，在走钢丝的时候，以钢丝或平行于钢丝的直线为转轴，人的转动惯量比长杆的转动惯量小得多。转动惯量小，意味着物体容易转动，反之则意味着更容易保持稳定。当需要调整的时候，人两手给长杆不同的力量使之产生力矩，因为力的作用是相互的，人给长杆力的作用时，长杆也会给人反作用力，因此给人带来相反的力矩，正是这个相反的力矩让人以最快的速度恢复到原来的重心稳定状态。

与此同时，长杆则因为转动惯量大，依然很好地保持着重心的稳定。这就是走钢丝的人手持那么重又那么长的长杆的原因，即希望手持的东西具有尽可能大的转动惯量。

综上所述，走钢丝者是用一根长杆主动并及时地调整自己的重心位置。当然走钢丝的功夫不是一天两天就能练成的，要经过老艺人的悉心传授和自己的长期苦练才能熟练地掌握一些与力学知识有关的技能，成功地进行表演。

二、力与运动

2.1　力之史话

早在殷商时期，中国人创造甲骨文字时已有"力"字。这个"力"字像一个尖状物，可能是用来起土的，起土时要用"力"。东汉文字学家许慎（约58—147）在《说文解字》中对"力"字的解释是："力，筋也，象力筋之形。"许慎认为"力"字的象形是人或畜的筋之紧张，造出"力"字应该是基于人用力的体会，将这种体会形象地表现了出来。比许慎的解释更早的是战国时的科技名著《墨经》中的定义：在《经上》中有"力，刑之所以奋也"；对应的《经说上》有"力，重之谓下；举重，奋也"。这里的"刑"借为"形（体）"，这种借用在古文字中是很普遍的，而"奋"的原意为鸟展开翅膀从田野上飞起。从整体上看这两句话，墨家以因果的口吻（"所以"）说明，物（形）体之（运）动在于力（的作用）。《经说》中的论证是以重作比喻，将力解释为"重（力）"，举重就是"奋"。

古希腊哲学家亚里士多德（公元前384—前322）注意到落体运动和抛体运动的特征以及这些运动与力的关系（后面的2.4节将单独介绍）。意大利物理学家伽利略对于落体运动的研究是富于成果的。关于力的定义,牛顿在《自然哲学的数学原理》一书中明确写道:"外加力是一种为了改变一个物体的静止或匀速直线运动状态而加于其上的作用。"所以,牛顿讲的力实际上是外加力。早在大学读书期间,牛顿就非常重视作用力与惯性运动的研究,只是由于尚未提出或形成惯性质量的概念,还不能得到定量的结论。1684年,在表述加速度定律(后来称为牛顿第二定律)时,牛顿在《自然哲学的数学原理》一书中写道:"运动的改变和所加的动力成正比,并且发生在所加的力的直线方向上。"值得注意的是,在研究力与运动的关系过程中,牛顿之前,笛卡儿、雷恩(1632—1723)、瓦利斯(1616—1703)和惠更斯有关碰撞和反弹的研究工作是很重要的。他们的工作对牛顿有所影响,牛顿曾经分别使用玻璃球、钢球、软木球或毛绒球作为摆球进行实验,牛顿写道:"当物体直接相碰时,它们就各自在相反方向上产生相等的运动变化……所以作用与反作用总是相等的。"由此,牛顿明确地建立了牛顿第三定律。

2.2 尖底瓶与欹器

6 000多年前的半坡人,已经用陶罐子来提水或存贮水了。但是,他们用的有些罐子很奇怪,有尖尖的底、大大的肚子,拴绳用的两个耳朵在罐子的大肚子中间略偏下一点。这种奇怪的陶罐子,空着的时候,它是歪斜着的,放到水里面去打水的时候,水会自动地流进陶罐子之中。当里面的水到了一定的量的时候(大约半满),罐子就会竖立起来。如果就打这么多水的话，那接下来的提水过程就会非常容易。但是，如果还想灌进更多的水的话，罐子又会变得很不稳定，非常容易倾斜，并将多余的水洒出去。

半坡人的这种罐子有些怪异，这里面蕴含了一些物理学知识（当然半坡人不会把他们制造这种罐子的经验称为物理学知识）。

图2.2.1 尖底瓶

半坡提水罐上拴绳子用的两个大耳朵是位于罐子的大肚子的中央偏下一点的，这就使得罐子的重心会高于两耳的位置。物体都会受到重力作用，重力的作用点就是重心。罐子空的时候，重心高于两耳位置，所以在重力的作用下，罐子很容易歪斜。当罐子里面有一些水的时候，重心就会下降到罐子两耳的下方，这个时候重力的作用使得水中的罐子直立起来，而且比较稳定。但是如果将水灌满罐子的话，罐子的重心再次上升，又会回到不稳定状态，罐子容易倾倒，并使水洒出来。

半坡罐子的特性，渐渐地使得它具有了一种特殊的意义。相传，孔子和他的学生们曾经一起来到太庙，也就是王公们祭祖的地方，里面摆着各种祭祀用的器具。

他们来到一个木架子旁边，看到架子上挂着一个好像用来盛水的青铜罐子，感到很奇怪。孔子就询问看守太庙的人，那个罐子是做什么用的。

看庙的人告诉孔子，这个东西叫作欹器，是君王放在座位的旁边用来随时提醒和告诫自己的一种器具。欹器类似于半

图 2.2.2 欹器

坡罐子，空的时候是歪斜的，盛一半水的时候是直立的，盛满水的时候又会倾斜，能表现出所谓"虚则欹，中则正，满则覆"的道理。

2.3 天平与杆秤

天平是一种能够测量物体质量的精密仪器，是实验室中一种常见的仪器。它的结构比较简单，且有很好的可靠性和通用性。据考证，早在我国春秋晚期就已出现以竹片为横梁、以丝线为提纽的天平。目前所见世界上最早的天平，是公元前2500年古埃及的天平。天平在18世纪的欧洲使用得十分普遍，一些物理学和化学的定量研究，都离不开天平的精确计量。天平以横梁的水平表示两边重量（实际为质量）严格相等。在世界上，许多国家都将天平作为法律面前公正平等的形象化标志。

我国在战国时期，度量衡器已广泛使用。出土的度量衡器，大到可以称一石（1石＝120斤），约合今30千克的半球形鼻纽铜权、铁权，小到可称四分之一铢（24铢＝1两），约合今

图2.3.1 古埃及的天平　　图2.3.2 用天平象征法律面前公正平等

0.16克的环形铜权。中国最早的衡器也是等臂天平。西汉以前的衡器，许多都有自重刻铭，从半两至一石不等，执秤者根据权的自重，即可以直接读出被称物的重量。在等臂天平的基础上，人们通过长期的摸索，逐步认识到，若把衡杆提纽移向某一端，再将斤、两标线用秤星的方式刻在衡杆力臂上，这样就能只用同一枚权称不同重量的物体了。这种不等臂天平演变成民间常用的另一种古老的衡器——杆秤。杆秤大约在西汉以后才得到普及，由于它使用和携带都很方便，很快在民间广泛使用。

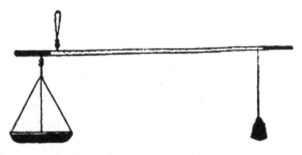

图2.3.3 杆秤

在物理和化学的发展中，定量分析都要从称量开始。1673年，英国化学家波义耳发表了金属燃烧时重量增加的报告，是化学中使用天平的先声。俄国科学家罗蒙诺索夫于1745年重复了波义耳的实验，认为重量的增加由吸收空气所致，从而发现了质量守恒定律。法国化学家拉瓦锡在实验（定量）分析中有一个信条："必须用天平进行精确测定来确定真理。"根据这一思想，他的实验研究都明确地运用了定量方法，他的发现成为18世纪科学发展史上最辉煌的成就之一。19世纪末，英国物理学家瑞利曾用各种方法测定气体的密度，以求算相对分子质量和相对原子质量。英国化学家拉姆塞根据瑞利的数据发现了新元素氩，并测出其相对原子质量，后来他还发现了新元素氦。

科学无止境，天平的发展也无止境。随着科学技术的进步，天平的发展极为迅速，出现了各种不同精度的电子天平，以及各类专用天平，对人类社会的发展起到了重要作用。

2.4 亚里士多德的力学研究

古希腊的亚里士多德是世界古代史上最伟大的哲学家、科学家和教育家之一。不过，在很多人的印象中，似乎亚里士多德的物理学认知大多是不太正确的。如果站在今天的角度去看亚里士多德的认知的话，那些认识正确的成分确实已经很少了。但是，看待历史人物，如果脱离了时代背景的话，则是不公平的。在物理学发展的萌芽阶段，亚里士多德关于力和运动的一些认识还是有着重要价值的。在这里介绍亚里士多德关于力和运动的一些见解的目的是让今人对历史有一点了解，读者不必过多地去关注它们到底是不是正确的。

亚里士多德的力学研究结果主要集中在他的《物理学》一书。在这里有一点需要指出，那就是亚里士多德所说的"物理学"与现代意义上的物理学并不一样，它的原意是"自然论"或"自然哲学"。

在亚里士多德的力学理论中，他将自然界的运动分为自然运动和强迫运动。自然运动是指重物垂直下落和轻物竖直上升的运动，这是物体在"内在目的"的支配下寻找其"自然位置"的运动，与物质所含的元素有关。按照他的想法，每一物体都有其自然位置。例如，含土元素的重物的自然位置在地心，它是绝对的重；火元素的自然位置在天空，它是绝对的轻；气和水的轻重都是相对的。所以，重物下坠，烟气升腾，石头在水中下降，气泡在水中上升，都是一种自然运动。物体越重，下落得越快；物体越轻，下降的倾向就越弱，其下落得就慢些。一般来说，物体下落的快慢与它的重量成正比。

强迫运动是借助推动者的推动才能维持的运动，如果不推，物体就会停下来，处在静止的状态。亚里士多德断言，物体运动速度与施加的外力成正比，与在介质中受到的阻力成反比。那为什么射出的箭和抛出的石块在弓和推动者的作用早已结束后还会继续运动呢？亚里士多德的解释是：物体刚离开推动者的时候，它向前冲而排开部分介质，并在它的后面制造出一个真空，但是自然界是不允许真空存在的，所以周围的介质马上就会填补上这个真空；同时这些填补过来的介质对物体又形成了一个向前的推力，物体也因此得以继续向前。

那么，物体的运动又是怎样终止的呢？在亚里士多德看来，这或者是力逐渐减弱以至变成了零，或者是因为反作用，或者是因为重力超过了这个力。这样，亚里士多德就把运动的根源放在了事物之外，并把外力的作用与物体运动的速度直接联系了起来。

关于箭的运动，历史上还有一个著名的悖论"飞矢不动"。飞矢不动悖论是古希腊哲学家芝诺提出的一系列关于运动的哲学悖论中的一个。人们通常把这些悖论称为"芝诺悖论"。

芝诺问他的学生："一支射出的箭是动的还是不动的？"

"那还用说，当然是动的。"

"确实是这样，在每个人的眼里它都是动的。可是，这支箭在每一个瞬间里都有它的位置吗？"老师提问。

"有的。"

"在这一瞬间里，它占据的空间和它的体积一样吗？"

"有确定的位置，又占据着和自身体积一样大小的空间。"

"那么，在这一瞬间里，这支箭是动的，还是不动的？"

"不动的，老师。"

"这一瞬间是不动的，那么其它的瞬间呢？"

"也是不动的，老师。"

"所以，射出去的箭是不动的？"

好像在动，其实没动。在观察时，只有感官经验还不行，还需要论证它是动还是静。古希腊人就是这么"闲得没事干"，经常在思考和争论着一些"无聊"的问题。

三、天体的运动

3.1 古老的地心说

提起地心说，人们的第一反应基本上都是希腊天文学家托勒密。不可否认，在地心说的完善上，托勒密确实起到了关键性的作用，但是在托勒密之前，地心说其实已经有了很长一段时间的发展。

地心说的主要观点是大地静止。古人认为，地球是宇宙的中心，而其它的星球都环绕着它而运行。古代人缺乏足够的宇宙观测数据，只能依据自己的直观。

在古希腊哲学家们的认知里，匀速圆周运动是极其神圣而完美的。所以，在他们看来，永恒的、神圣的天体所做的运动只应该是匀速圆周运动。但是，很遗憾的是，在当时能够观察到的一些天体中，有少数天体，如太阳、月亮和一些行星的视运动却并非那样完美，它们好像在刻意地违背着这个神圣的规律。于是，古希腊的哲学大师柏拉图给他的学生们布置了一个任务：怎样用若干个特殊的匀速圆周运动的组合，去解决理想与现实不一致的矛盾。

柏拉图的学生欧多克斯第一个致力于建立一个宇宙的几

何模型。他违背了柏拉图不作观测的规定,通过天文观测为他的几何模型提供实际根据。他吸收了巴比伦人把天上复杂的周期运动分解为若干个简单周期运动的思想,用27个以地球为中心的同心球壳解释附着于球壳上的天体的视运动。最外面的一个球层(遥远的恒星天球)描述了天界的周日运动。行星的视运动很不规则,所以每个行星需用4个相互关联的同心球壳的联合旋转来进行说明。太阳和月亮的运动各用3个球壳说明。因为较里面的球壳的旋转轴安装在较外面的球壳上,所以它们必然参与外面球壳的运动。

进一步的观测发现了另外的周期现象。欧多克斯的学生卡里普斯给每个天体又加上一个新的球壳,使总数达到34个。在卡里普斯的基础上,亚里士多德又进一步增加了22个球壳,使球壳总数达到了56个,这22个是"不转动的球壳"。为了避免每个球壳都把自己特有的转动直接传给它内层的天体,就需要在载有行星的球壳之间插进若干"不转动的球壳"。

克罗狄斯·托勒密(90—168)生于埃及,父母都是希腊人。

图3.1.1　托勒密

图3.1.2　亚里士多德的宇宙

127年，年轻的托勒密被送到埃及的亚历山大城去求学。在那里，他阅读了不少的书籍，并且学会了天文测量和大地测量的方法。他曾长期住在亚历山大城，直到151年。

地心说的首创者应该是亚里士多德。亚里士多德说，宇宙是一个有限的球体，分为天地两层，地球位于宇宙中心，地球之外有9个等距天层，由里到外的排列次序是月球天、水星天、金星天、太阳天、火星天、木星天、土星天、恒星天和原动力天，此外别无它物。人居住的地球恰好是宇宙的中心。

托勒密全面继承了亚里士多德的地心观点，他把亚里士多德的9层天扩大为11层，把原动力天改为晶莹天，又往外添加了最高天和净火天。托勒密设想，每个行星都在一个较小的圆周上运动，而每个圆周的圆心又在以地球为中心的大圆周上运动。他把绕地球的那个大圆叫"均轮"，每个小圆叫"本轮"。同时假设地球并不恰好在均轮的中心，而偏开一定的距离，即均轮是一些偏心圆；日月行星除沿本轮轨道运动外，还与众恒星一起每天绕地球转动一周。

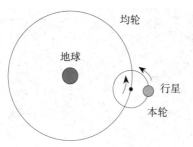

图3.1.3　均轮－本轮示意图

托勒密设计的宇宙结构的数学图景，并不反映天体运动的真实情况。但是在当时，它却能够很精确地计算出太阳、月亮和其它大行星的运动轨迹，并能够预报日食和月食。

3.2 哥白尼的日心说

哥白尼是近代天文学的奠基者，他的伟大之处在于提出了太阳中心说（即日心说）。日心说非常牢固地建立在实际天文观测和严格数学运算的双重基础上，不仅推动了近代天文学的发展，而且还开创了科学发展的新纪元。

哥白尼（1473—1543）是波兰天文学家，他生于波兰托伦城的圣阿娜港。10岁时父亲去世，哥白尼和哥哥就由担任教区主教的舅舅抚养。哥白尼是从钻研托勒密的学说开始他的天文学研究的。1496～1506年间，哥白尼赴意大利求学，他的老师诺瓦拉是一位数学家和天文学家。求学期间哥白尼认真钻研天文学和数学，得到诺瓦拉的悉心指导，他对哥白尼的影响很大，除了传授知识，还培养了哥白尼的独创精神。在结束意大利的留学生活后，哥白尼回到了波兰。

图3.2.1　哥白尼在观测

图3.2.2 匈牙利邮票《日心说与哥白尼》

在哥白尼的时代，人们对各种奇异的天象表现出惊惧，认为是上天对人间的警示。哥白尼离开意大利的时候，正赶上彗星的出现和瘟疫的流行，意大利教会就发出"警告"，以吓唬百姓。当哥白尼回到波兰时，天空又出现了另一种罕见的星象——土星和木星"会合"。教会的人说，这是上天对人类的一个严重警告，洪水和瘟疫将接连而来，也许还会引起社会骚乱和国家崩溃。这些说法搞得人心惶惶，有钱的人拼命寻欢作乐，以麻醉对于未来的恐惧；穷苦的老百姓为了向教会购买"赎罪符"，更是弄得倾家荡产，难以活命。

尽管哥白尼是教会人士，但他并不相信这些说法。哥白尼和他的朋友们在波兰的克拉科夫深入研究两星"会合"的问题。他和朋友们决定各自在不同的地区进行观测，虽然白天工作繁忙，哥白尼晚上仍然坚持观测星象。结果，真实的"会合"日期与教会所说的不符，而与哥白尼的推算却是相符的。

由于朋友们不断催促，哥白尼把他的"太阳中心说"写成了一个提纲，取了一个朴素的名字，叫《试论天体运行的假设》，抄送给他的几个好友。哥白尼宣布："所有的天体都围绕着太阳运转，太阳附近就是宇宙中心的所在。地球也和别的行星一样绕着太阳运转。它一昼夜绕地轴自转一周，一年绕太阳公转一周……"

《试论天体运行的假设》只是哥白尼学说的一块基石，要在这块基石上建立起宏伟的理论大厦，还需要做一些更加深入的研究工作。

1512年，哥白尼的舅舅去世，哥白尼从赫尔斯堡迁居到教区大教堂所在地弗隆堡。弗隆堡濒临波罗的海，是个小小的渔港。哥白尼在弗隆堡定居以后，就买下了城堡的一座箭楼。这座箭楼本来是作战用的，三角形的楼顶向前倾，几乎伸到围墙的外边。楼的最上层有3个窗口，那里是哥白尼的工作室。从最上层的窗口可以向四面八方观测天象。遇到楼顶妨碍观测的时候，外边的露台就成了他的观测台。

这时，哥白尼已将他未来的著作取名为《天体运行论》（也被译成《天球运行论》）。在他看来，运动存在于万物之中，上达天空，下至深海。没有什么东西是静止的，一切东西都在生长、变化、消失。哥白尼要在这本书中揭开天体运行的秘密。

在阴湿多雾的波罗的海的岸边，逢到天空无云时，星星闪烁着，哥白尼总要利用这难得的机会，把仪器搬到箭楼的露台上进行观测。利用这些简陋的设备，哥白尼在弗隆堡进行了许多次观测，其中包括日食、月食以及火星、金星、木星和土星的方位等。

1516年秋，教会借重哥白尼的声望和才学，派他担任俄尔斯丁教产总管，此时哥白尼开始撰写他的不朽著作——《天体运行论》。当时整部著作的内容已有个轮廓了，全书计划写成8卷（出版时是6卷）。

1519年秋，哥白尼辞去教产总管的职务，又回到弗隆堡，用全部精力来撰写《天体运行论》。

图3.2.3 中文版《天体运行论》

《天体运行论》的第一卷简要地介绍了宇宙的结构，哥白尼列举了许多观测资料来证明地球是圆形的，以及地球呈圆球状的理由。

《天体运行论》的第二卷介绍了有关的数学原理，其中平面三角和球面三角的演算方法都是哥白尼首创的。这一卷陈述了三角形的知识，即从三角形的某些已知边和角去推算其它边和角的规则，还包括了三边是直线的平面三角形和三边是球面上圆弧的球面三角形。

《天体运行论》的第三卷是恒星表，第四卷介绍地球的绕轴运行和周年运行。

《天体运行论》的第五卷论述了地球的卫星——月球。哥白尼非常重视研究月球，特别是月食。他认为在月食的时候，人们可以从月球、地球和太阳的相对位置，得到关于宇宙的真实结构的暗示。

他在最后一卷写了关于行星运行的理论。

《天体运行论》的不朽贡献，在于它根据相对运动的原理，解释了行星运行的视运动。在哥白尼以前，这一原理从来没有被人这样详尽地阐述过，也没有人从相对运动原理得出过这样重要的结论。哥白尼对这个问题是这样说的："所有被我们观测到的物体的位置变动，不是由于被观测的物体的运动所引起的，就是由于观测者的运动，或由于物体与人的不一致的运动所引起的。"既然地球是我们在它的移动中进行观测的基地，那么我们观测到的天空中的运动，如太阳的运动，就可能是一种表面上的运动，是一种由于地球本身的运动所引起的幻觉，而其它天体的运动，就可能是那个天体与地球的不一致的运动所引起的结果。因此，"如果承认地球从西向东自转，那么显然会觉得好像是太阳、月亮和星辰在升起和降落"。

1530年，经过三易其稿，哥白尼终于完成了《天体运行论》。不过，哥白尼没有将自己的论著马上公开发表，他知道自己的日心说和当时的教会的教义是不相容的，马上发表会使自己过早地受到无理的指责甚至迫害。

到1543年，《天体运行论》终于出版了，这时的哥白尼已卧病在床，当书送到他面前时，他用冰凉的手触摸了一下书的封面，便与世长辞了。

哥白尼用科学的太阳中心说，推翻了统治了人类思想上千年的地球中心说。这是天文学上一次重大的革命，引起了人类宇宙观的革新。因此，人们便把1543年当作古代科学史与近代科学史的分界年。

3.3 开普勒"为天空立法"

开普勒（1571—1630）是德国天文学家，出生于德国斯瓦比亚地区的维腾堡。他的父亲是一名军人，母亲是旅馆老板的女儿。开普勒的母亲曾被冠以"巫女"的罪名被捕入狱。艰苦的幼年生活使得开普勒的身体很差，患天花之后眼睛也坏了，还留下了满脸的麻子。

图3.3.1 开普勒

开普勒虽然从小身体瘦弱，身材矮小，却智力过人。他12岁时入修道院学习，由于读书很刻苦，一直能够获得奖学金。1587年，开普勒进入培养新教徒的神学院即德国的杜宾根大学学习。因在深入研究托勒密的"地心说"和哥白尼的"日心说"时，开普勒发现了托勒密体系的许多漏洞，所以从神学院毕业的开普勒没有成为牧师，却成了哥白尼学说的坚定拥护者。

1591年，开普勒获得硕士学位，后经学校的有力推荐，到奥地利格拉茨的一所教会中学担任数学教师，在那里他开始了天文学研究。1596年，他写了《宇宙的奥秘》一书，受到了丹麦天文学家第谷（1546—1601）的赏识，他邀请开普勒到布拉格附近的天文台从事研究工作。1600年，开普勒正式成为第谷的助手，开始了两位学者合作研究的历程。

第谷精于观测却不善数学分析，开普勒则善于数学分析，而由于视力所限，观测并不擅长。他们配合起来能取长补短，最终做出了重大的科学发现，成为科学合作的范例。

第谷非常善于设计和制造大型精密天文仪器，并建立了一所规模宏大的天文台。在他去世后，开普勒接受了第谷毕生进行天文观测所获得的详细记录。开普勒是一位科学的"幸运儿"，对于他来说，没有什么比这些观测记录更宝贵的了。

开普勒首先研究的是火星，因为在第谷的观测数据中，关于火星的数

图3.3.2　第谷

据相当丰富。在分析第谷的资料时，开普勒诙谐地写道："我预备征服战神马尔斯（火星的别称），把它俘虏到我的星表中

来，我已为它准备了枷锁。但是我忽然感到胜利毫无把握……这个星空中狡黠的家伙，出乎意料地扯断我给它戴上的用方程连成的枷锁，从星表的囚笼中冲出来，逃往自由的宇宙空间去了。"他决心找到行星运动的真实"轨道"。在一年半的时间里，开普勒做了多达70次的复杂计算，终于算出了一个比较理想的圆形轨道。但是细心的开普勒发现，由此算出的火星位置和第谷数据之间仍然相差8分，即0.133度。这个角度很小，只相当于手表秒针在0.02秒瞬间转过的角度。出于对第谷观测资料可靠性（只有2分的误差）的确信，开普勒对圆形轨道的古老观念产生了怀疑。他试着用椭圆轨道去代替圆形轨道，并设想火星运动速度的大小是变化的，而这种变化与火星和太阳的距离有关：当火星在轨道上接近太阳时速度变快，远离太阳时速度变慢。

　　开普勒的大胆探索终于取得了成功。1609年，开普勒出版了《新天文学》一书，书中提出了行星运动的两个定律，即椭圆定律和等面积定律，今天称为开普勒第一定律和开普勒第二定律。

　　椭圆定律——所有的行星分别在大小不同的椭圆轨道上

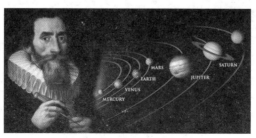

图3.3.3　椭圆定律

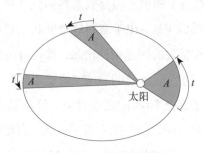

图3.3.4　等面积定律

围绕太阳运动, 太阳在这些椭圆的一个焦点上。

等面积定律——太阳和运动着的行星的连线在相等的时间内扫过相等的面积。

这两条定律使计算行星轨道和它们的位置的工作大大简化, 但开普勒并没有满足, 他知道自己还远远没有揭开行星运动的全部奥秘。开普勒又回到第谷留下来的大量观测数据中, 又经过大约10年时间的潜心研究, 进行了大量复杂的运算, 终于找到了数字之间的奇妙规律。他于1619年发表了新的行星运动定律——行星公转周期的平方与它同太阳距离的立方成正比。这就是周期定律, 也称为开普勒第三定律。

像个数字游戏, 周期定律写成公式就是 $T^2 \propto R^3$, 或写作

$$\frac{T^2}{R^3} = K$$

式中的 K 被称为开普勒常数。当然这个 K 的含义还有待牛顿去揭开。

开普勒三定律同样适用于卫星绕行星的运动，也适用于人造地球卫星绕地球的运动。因此，开普勒三定律被人们称为"天空中的法律"，开普勒也被称为"天空立法者"。

然而，开普勒的一生却是在非常困苦的逆境中度过的。正如一位科学史家所描述的那样："开普勒只有疾病和贫困。"他虽然被封为宫廷科学家，却长期得不到应得的薪水，使他连基本生活都难以维持。1630年，他几个月未领到薪水，生活陷入困境，在前往讨取薪水的途中，他突发高烧，几天后便在贫病交加中去世了。

3.4　牛顿的综合

牛顿在大学学习期间，接触到亚里士多德的运动理论，后来，又读到伽利略和笛卡儿的著作，受他们的影响，开始了动力学的研究。在牛顿1665～1666年的手稿中，提到了几乎所有的力学基础概念和定律，对力的概念做了明确的说明，他还用独特的方式推导了离心力公式。离心力公式是推导引力的平方反比关系（相当于万有引力定律的雏形）的重要前提。惠更斯到1673年才发表离心力公式，而牛顿在1665年就运用了这个公式。另外，他创立了微积分，这一数学工具使他有可能更深入地探讨力学问题。

1679年，牛顿已经将力学问题搁置了十几年，这年年底，牛顿意外地收到了皇家学会秘书长胡克的一封来信。胡克向牛顿询问如果地球能穿透，地球表面抛体的轨迹是什么，牛顿在回信中错误地认为，这个轨迹是终止于地心的螺旋线。后

图3.4.1　牛顿

来，胡克在下一封信中指出了其中的错误，牛顿也承认了错误。但回复胡克第二封信时牛顿又出了错，胡克再次写信指出错误，他认为重力是与距离的平方成反比变化的。这些信成了后来胡克争夺万有引力定律优先权的依据。牛顿则坚称自己早就从开普勒第三定律推导出了平方反比关系，认为胡克在信中提出的见解缺乏坚实的基础，所以他拒绝承认胡克对于建立万有引力定律的贡献。

其实，1679～1680年间与胡克的通信对牛顿有深刻教益，胡克的提示对牛顿是非常重要的，以后他就采用了惠更斯的"向心力"一词，并在1680年证明椭圆轨道中的物体必受一指向焦点的力，这个力与到焦点的距离的平方成反比。当然，椭圆轨道的平方反比定律与万有引力定律还不能完全等同。到这个时候，牛顿仍没有完全弄清楚万有引力的本质。

哈雷在1684年8月专程到剑桥向牛顿请教关于平方反比定律的问题，对此牛顿立刻回答说：行星的轨道应是椭圆。哈雷问他为什么，牛顿答已做过推导。但是，当时牛顿并没有马上提供推导的过程。不过很快，他就按哈雷的要求重新进行了推导，并将证明寄给了哈雷。牛顿在这篇后人称为《论运动》的论文中讨论了在中心吸引力的作用下物体运动轨道的理论，由此导出了开普勒的三个定律。但是还有两个关键问题没有解决，第一个问题是对惯性定律的认识，牛顿在《论运动》一文中仍然停留在固有力和强迫力这样的认识上，认为物体内部的"固有力"使物体维持原来的运动状态，作匀速直线运动，而外加的强迫力则使物体改变运动状态。这说明牛顿的理论中还包括一些旧的概念，未完全脱离旧的认识。

第二个问题是引力的本质，在《论运动》一文中，牛顿仍称引力为重力，还没有认识到引力的普遍性。

当然，牛顿并没有就此止步。在他写出《论运动》一文之后，更深入的思考使他着手写第二篇论文，这一篇比前一篇文章要长得多，由两部分组成，取名为《论物体的运动》。牛顿加深了对引力的认识，他证明了均匀球体吸引球外每个物体时，引力与球的质量成正比，与物体到球心的距离的平方成反比，可以把均匀球体看成质量集中在球心的"质点"，而且引力是相互的。他还证明了开普勒定律的正确性。牛顿终于领悟了万有引力的真谛，他把重力扩展到行星运动，明确了引力的普遍性。

在《论物体的运动》第二部分（后来以附录的形式收在《自然哲学的数学原理》一书中，题名《论世界体系》）之中，牛顿集中阐述了万有引力的思想。万有引力思想在1687年出版的《自然哲学的数学原理》中显示得更加明确，牛顿把地上的力学与天上的力学统一在一起，形成了以三大运动定律为基础的力学体系。

牛顿所建立的万有引力定律是经过检验才得到普遍承认的。

在牛顿之前，彗星被看成一种神秘现象，牛顿却断言，行星的运动规律同样适用于彗星。哈雷根据牛顿的引力理论，对1682年出现的大彗星（后来被命名为哈雷彗星）的运行轨道进行了计算，指出它是1531年和1607年曾出现的同一颗彗星，并预言它将在1758年末再次出现。1743年，法国科学家计算了行星（木星和土星）对这颗彗星的作用，指出它将最迟于1759年4月经过近日点，这个预言后来得到了证实。

对万有引力公式中引力常数的测定为万有引力定律提供了直接证明。1798年，英国物理学家卡文迪什（1731—1810）把两个小铅球固定在一根直杆的两端，用一根钢丝从直杆中间吊起，然后用两个大铅球靠近小铅球，通过测量钢丝的扭转角度测量了大球与小球之间的引力，从而得出了万有引力常数的值，并计算了地球的质量和密度。

18世纪末19世纪初，人们对天王星运动的观测结果与理论结果之间存在着明显的偏差。英国大学生亚当斯（1819—1892）在1843～1845年，法国天文学家勒维烈（1811—1877）在1845年，各自独立地根据牛顿理论进行了计算，预言了在天王星轨道之外的一个未知行星的质量、轨道和位置。勒维烈将他的计算结果写信告诉了柏林天文台的伽勒（1812—1910），伽勒于1846年9月23日夜间在预定的地点发现了一颗新的行星，这就是对天王星的运行产生作用的海王星。海王星的发现，被认为是牛顿引力理论的伟大胜利。

3.5　证明地球自转的傅科摆

关于地球的自转问题，人们的认识经历了一个曲折的过程。在这个问题上，一位名叫傅科（1819—1868）的法国物理学家发挥了最为关键的作用。为了证明地球在自转，傅科在1851年成功地进行了一次实验。当时傅科所用的摆也因此被称为"傅科摆"，一直沿用至今。其实，说起摆来，最先关注摆的运动的是伽利略，但伽利略关注的是摆的等时性。

1851年，在巴黎的国葬院（法兰西共和国的先贤祠）大厅里，傅科进行了一项十分有趣而极具历史意义的实验。傅科在大厅的穹顶上悬挂了一条67米长的绳索，绳索的下面是一个重达28千克的摆锤。摆锤的下方是巨大的沙盘。每当摆锤经过沙盘上方的时候，摆锤上的指针就会在沙盘上留下运动的轨迹。按照日常生活的经验，这个硕大无比的摆应该在沙盘上画出唯一一条轨迹。

实验的结果完全出乎观众的预料，人们惊奇地发现，傅科设计出来的这个摆每经过一个周期的摆动，在沙盘上画出的轨迹都会偏离原来的轨迹（准确地说，在这个直径6米的沙盘边缘，两条相邻的轨迹之间相差大约3毫米）。这个看似极小的偏差，就是由于地球自转造成的。

据说，傅科所用的"傅科摆"还保留在原来的地方，不过在世界很多有条件的地方都悬挂着"傅科摆"的复制品，如联

图3.5.1　傅科摆实验

合国总部的大厅就悬挂着巨大的"傅科摆"。在北京天文馆的大厅里也有一个庞大的"傅科摆"复制品，它时时刻刻提醒着人们，地球正在自西向东地自转着。

　　傅科使用了如此长的摆线是有道理的。由于地球转动得比较缓慢（相对摆的周期而言），所以需要一个比较长的摆线才能显示出轨迹的差异。为了克服空气阻力，这个系统必须拥有足够的机械能（一旦摆开始运动，就不能给它增加能量），所以傅科选择了一个28千克的摆锤（铁球）。此外，悬挂摆的地方必须允许摆在任意方向摆动，所以要有足够大的空间。

　　傅科生于巴黎，从小喜欢动手做实验，最初学的是医学专业，后来才转行学习物理学。因为傅科摆实验，他被授予荣誉骑士五级勋章。在傅科摆实验的第二年，即1852年，傅科制造出了回转仪（陀螺仪），也就是现代航空、军事领域使用的惯性制导装置的前身。1862年，傅科使用旋转镜法成功测出光速为289 000千米/秒，这在当时是相当了不起的成绩，他因此被授予荣誉骑士二级勋章。此外，傅科在实验物理上还有一些贡献。例如，他改进了照相术，拍摄到了钠的吸收光谱（但

图3.5.2 傅科

解释是由德国物理学家基尔霍夫做出的)。他还发现磁场中的运动圆盘因电磁感应而产生涡电流,这被命名为"傅科电流"。

3.6 有趣的舒勒周期

1916年,德国物理学家舒勒设想了一个特殊的单摆,这个单摆的长度与地球的半径相等,也就是说,单摆长度 $l=R$(地球的半径)。

根据已知的单摆周期公式

$$T = 2\pi\sqrt{\frac{l}{g}}$$

由 $l=R$,可得

$$T = 2\pi\sqrt{\frac{R}{g}}$$

如果取地球的半径值为6 370千米,带入上式,便可得到

周期值为5 066秒，合84.4分钟。这个周期值被称为"舒勒
周期"。

再看一下人造地球卫星的周期问题。

设想一个人站在高山之巅，把一个石子平抛出去。当抛出
的速度不断增加，这个石子就会落得更远。当石子被抛出的速
度大到一定的程度，这个石子就不会落地而是不停地绕着地球
运转。这就是人造地球卫星的原理。

绕地球运转的石子受到的重力等于向心力，即

$$mg = \frac{mv^2}{R}$$

其中的 R 仍为地球的半径，整理得

$$v = \sqrt{gR}$$

v 被称为圆周速度，用它除地球周长可以得到石子的绕地周期，
公式还是

$$T = 2\pi\sqrt{\frac{R}{g}}$$

带入数据，还是舒勒周期的值，即84.4分钟。

可见，卫星就像一个长长的单摆。

如果在地球表面一点向地球另一侧的对称点打隧道，通过
地球的中心贯通之，然后扔下一个石子。石子的运动是一个能
利用万有引力定律求解的问题。由于石子受到的引力是变化
的，其运动方程相当于一个简谐振动方程，即形式与单摆的微

分方程一样，为

$$\frac{\mathrm{d}^2 r}{\mathrm{d}t^2} + \frac{g}{R} = 0$$

这里不展示该方程的求解过程，求解方程可得石子的运行周期仍然是一个舒勒周期。当然，一个周期是指从出发点到终点再回到出发点的时间，如果只算出发点到终点的时间，就是半个周期，即只需要42.2分钟。

四、空气与气压

4.1　人离不开大气压

　　人们能感受到空气温度的高低和湿度的大小，但空气作用在人体上的压力，人们却不易察觉。气压是指作用在单位面积上的大气压力，在数值上等于单位面积上向上延伸到大气上界的垂直空气柱所受到的重力。科学家对大气压规定了一个"标准"：在纬度45°的海平面上，当温度为0摄氏度时，760毫米高水银柱产生的压强被称为标准大气压。一个标准大气压的值为101 325帕，相当于1平方厘米面积上承受约10牛顿的大气压力。由此计算，一个成人的体表面积约为1.6平方米，标准大气压下，他全身所承受的大气压力约为16万牛顿，相当于两头非洲大象的重量。尽管如此，人们竟然全然不觉，并且还安然无恙，这听起来令人不可思议！这是因为对于同一点来说，各个方向的压强大小相等，大小相等、方向相反的大气压力相互抵消了，所以人体才感觉不到压力。

　　我们身体的外部受到大气压的作用，身体内部也有气压。我们时时刻刻都离不开的呼吸就是靠内外的气压差进行的。当吸气中枢兴奋时，通过膈神经使胸腔和腹腔之间的横膈肌肉收缩，胸腔容积扩大，肺气泡也跟着扩大，使其中的气压下降，低于外部大气压，于是外界空气在大气压的作用下，从口鼻进入肺部。呼气的情况正好相反，由于胸腔容积缩小，肺内空气收缩，内部压强大于外部压强，气体便从肺里呼出来。在高山上或雷雨之前，大气压强变小，人体内的气压仍然那样大，肺气泡中的氧气压强比外界氧气压强还要高，结果人体内的氧气向外扩散，使人出现缺氧症状，人常会感到胸闷、头昏等。大气压的下降不仅会造成缺氧，还会引起人体内腔窝扩大，产生窦膨胀和窦炎，增加心脏的负担，眼球也会因为气压下降而向外膨胀变形，从而影响视力，等等。

气压的下降会使人们感到不适甚至产生身体损伤，如果人体直接暴露在太空中会发生什么呢？人的眼睛会爆出来吗？人的血液会迅速地沸腾蒸发吗？经过20世纪60年代的动物实验以及对发生在太空和气压舱的事故总结，人们发现，人体直接暴露在太空中的后果并没有想象的那么剧烈。

暴露在太空中的人，他应该做的第一件事就是把肺里的气体全都呼出来。在没有失去意识时，他的身体会继续利用血液中的氧气，大概能维持15秒。如果这个过程中人没有屏住呼吸的话，大概可以生存2分钟；但如果他屏住呼吸，肺里的气体将迅速膨胀，把肺部撑破，气体会进入他的循环系统。另外，暴露在太空中大约10秒后，他会发现，他的皮肤和组织开始出汗，这是在零气压环境中体内液体开始蒸发导致的。在1965年的一次空气舱实验中，太空服出现漏气，导致宇航员莱布朗暴露在接近真空的环境中。在这次事故中，莱布朗大约保持了

14秒的意识，参与实验的研究人员在事故发生约15秒后才发现异常，并及时往空气舱内注入空气，莱布朗也因此获救。后来，他描述到，他在昏迷前最后的感觉就是舌头上在冒泡，这其实是因为暴露在真空中舌头上的水分沸腾的结果。

除了呼吸，人体还靠大气压来连接关节。人身上各关节处都有一个关节腔，关节腔内不存在向外的作用力，这样就能借助外部大气压把关节紧紧地连在一起。特别是，人体是靠大气压把腿和上半身连接起来的。人体的股骨与髋骨之间有一个空腔，空腔内不存在向外的作用力，那里是个天然的"马德堡半球"（参见4.2节），因而股骨是靠外部大气压紧紧地压在身体上的。据测算，作用在股髋关节上的大气压力约为220牛顿，大大超过了下肢重量，因此人抬起腿来走路才不觉得费力。

当听到或将要听到巨大响声时，要马上张开嘴巴。这样做是为了保护耳朵，这也与大气压强有关。人耳的结构是以鼓膜为界的，鼓膜外通过外耳道与大气相连，鼓膜里面是中耳，通过耳咽管与咽部相连。在遇到巨大响声时，鼓膜的外表面受到的外部压强突然增大，如果人紧闭嘴巴，口腔和咽部形成封闭系统，其内部压强小于外部压强，鼓膜就会向内凹入，使人耳有鼓胀感，随之还会有耳鸣头晕的现象出现。如果张开嘴巴，就会使口腔和咽部成为开放系统，使鼓膜内外压强基本保持一致，从而保护了耳朵。

血压也和大气压有联系。人体组织和器官需要不停的血液供应，才能维持正常功能。血压是指血管内流动的血液对单位面积血管壁的侧压力（或压强）。血压是衡量人体健康与否的一个重要生命体征，血压过高或过低都有损于人体健康。因此，无论健康查体和去医院就诊时医生都会检查血压。血压是指动脉压，即主动脉的压力。血压常用的单位是毫米汞柱或千帕，1毫米汞柱相当于0.133千帕。测量血压的血压计是以大气压为基数的，如果测出的血压是120毫米汞柱，就意味着比大气压高120毫米汞柱。大气的气压在时刻变化，而血压也随气压同步调整，始终维持在一个高于大气压的相对稳定的数值上。当环境气压发生较大幅度的变化，超出身体能够自我调节的范围时，我们就会感到不适。

人们对大气压的作用可能很少察觉，但又时时刻刻离不开它。

4.2 大气压的早期研究

意大利物理学家、伽利略的学生托里拆利（1608—1647）设计了一个很巧妙的实验来测量大气压强。人们为了纪念他，就把这个实验称为"托里拆利实验"。

图4.2.1 托里拆利

1640年，意大利的一个大公爵在自己的花园里建造了一个很大的喷水池。建成以后，当大公爵陪着客人准备欣赏喷水效果时，发现连一滴水也喷不出来。大公爵赶快请伽利略来解决这个难题。伽利略发现，这个喷水池的水源是井水，而井太深，抽水机抽不上水来。但是，为什么会这样呢？

　　那时候，伽利略已经很老了，加上身体多病，精神差极了。对于解决这个问题，他已经感到十分困难了。伽利略只能模糊地告诉大公爵，抽水的高度是有极限的，大约就是10米左右。伽利略还沿用了亚里士多德的说法："自然界不喜欢真空"，并且补充道，自然力是有限的。

　　托里拆利不满意老师的这个模糊的说法，他设计出一个实验来测量大气压。他找来了一根细长的玻璃管，又找来了几个小玻璃瓶和一个小碗。玻璃管是一端开口，另一端封闭的。他先慢慢地把管子灌满水银，然后用食指按住开口的一端，把玻璃管缓慢地倒过来，再放入小碗内（小碗内预先已倒上一些水银），使玻璃管的开口完全淹没在小碗里的水银中。放开食指，管里的水银面就下降，当管内的水银面降到离小碗的水银面一定高度时下降停止。即使把玻璃管倾斜，进到管内的水银虽然多些，可是管内外水银面的高度差不变。

　　托里拆利1608年10月15日出生于意大利的法恩扎。托里拆利从小就爱学习，并且成绩出众。1627年托里拆利开始到罗马学习，成为数学家并且还是水力学工程师的卡斯特里的学生，后来又成为伽利略的得意门生。

　　1628年，卡斯特里出版了一本有关流体力学的著作。托里拆利仔细研读了老师的著作，还进行了一系列的实验，逐个验证书中的重要结论。在实验中，托里拆利发现，老师的书中关于液体从容器底部小孔中流出的速度与小孔离液面高度成正比的结论，与自己的实验结果不符。经过反复测量和计算，他发现水从容器底部小孔流出的速度与水从小孔上方的水面高度自由下落到小孔的速度相同，进一步得出了这个速度与小孔上方水面的高度的平方根成正比的正确结论。

托里拆利热爱和尊敬自己的老师，但是不盲从。他决定把自己的发现整理成文，公开发表，来纠正老师的错误。胸怀宽广的卡斯特里看到这篇文章之后，十分高兴，认定托里拆利大有培养和发展前途，立即决定让他当自己的秘书。而且，后来卡斯特里还把托里拆利推荐给了自己的老师伽利略，使其成为伽利略的重要继承人。

关于大气压的研究，还要提到著名的马德堡半球演示实验。1654年的一天，德国马德堡市的一块空地上，聚集了不少的王公贵族，甚至德国的皇帝也来了，因为这里很快就要进行一场有趣的表演。

一些人忙着把两个空心铜半球很好地合在一起，然后抽出球中的空气。又把两匹马套在球的两边，然后让马尽力向两边拉，但是这却没能把两个半球分开，它们依然牢固地密合在一起，好像有什么巨大的魔力压在球上一样。

表演者又让马夫在球两边多套了几匹马，每匹马都在拼命地拉着。就这样，直到球两边各套上8匹健壮的马时，合着的铜球才勉强被分开，同时还发出了一声巨响。要使这两个半球

图4.2.2　马德堡半球实验

分开，竟然如此困难，这是在场的所有观众包括德国皇帝所未曾想到的。

　　这个场面有点像魔术表演，实际上它却是一场重要的科学实验，这就是著名的马德堡半球实验，这个实验证明了大气压强的存在。

　　这个实验的"导演"是马德堡市当时的市长，叫格里凯。这个人在政务之余醉心于科学研究，尤其重视实验研究。

　　据说，第一架起电机也是他发明的。早先，人们要获得电，主要依赖摩擦，用玻璃棒摩擦毛皮，或是用手摩擦硫黄等。但是通过这样的方式获得的电量很少，而且还很不方便。格里凯进行电学研究时，就感到经常用手摩擦很费事，于是设计并制造了一台简易的起电机。他找来一个直径十几厘米的球形玻璃瓶，把粉末状的硫黄倒入瓶子中，然后用火加热，使硫黄全部融化。等冷却之后，再把玻璃瓶打碎，这样就得到了一个硫黄球。接着沿硫黄球直径穿一个孔，插入一个铁棒当轴，安装在座架上，这样球就能绕轴转动了。他将干手掌放在硫黄球的表面，不断地转动硫黄球，借助硫黄球表面与手掌的摩擦可以获得大量的电荷。

4.3 从火车站台上的那条黄线说起

现在的火车站台上，一条黄线十分醒目。当列车快要进站的时候，车站的安全员一定会大声提醒乘客站到黄线的后面。当然，很多人都知道这是为了安全，但是如果追问一句，为什么要这样做呢？恐怕就不是站台上的所有人都能够说出个所以然了，甚至有些不明白其中道理的人还可能怪车站的安全员多事。这其中的道理是伯努利原理：人与火车之间的气流速度高于人外侧的气流速度，人会被"吸"向火车。

在讲道理之前，先讲个故事。

1911年的秋天，当时世界上最大的远洋邮轮"奥林匹克号"正在大海上航行。突然，一艘比它小得多的铁甲巡洋舰"霍克号"从后面追了上来，在离它100米的地方，几乎跟它平行地疾驰着。就在这时，一件意外的事情发生了：小船好像着了魔似的，竟然扭转船头朝大船冲了过来，船上的舵手怎么操作也没有用。结果，"奥林匹克号"无可奈何地接受了"霍克号"的"亲密接触"，也因此付出了极大的代价——它的船舷被"霍克号"撞了一个大洞，当然"霍克号"受损更严重，差点倾覆沉没。

在海事法庭审理这件奇案的时候，大船"奥林匹克号"的船长被判为有过失的一方，法院认为，他没有发出任何命令给横着撞过来的"霍克号"让路。船长虽然感到自己很冤枉，因为根本来不及避让，但又不能给出合理的解释，只好接受了判决。案子就这样结了，但这件事情引起了一些科学家的注意，他们认为这次事件另有原因。

其实，早在1726年，有一个叫丹尼尔·伯努利（1700—1782）的人就已经注意到：如果水沿着一条有宽有窄的沟（或粗细不均的管子）向前流动，在沟的较窄部分就流得快些，水流对沟壁的压力比较小；反之，在较宽的部分水就流得较慢，压向沟壁的力量则会比较大。这一发现，后来被人们称为伯努利原理。

图4.3.1　丹尼尔·伯努利

当出现了"奥林匹克"号事件时，一些科学家突然想到，用伯努利原理来解释这次事故是非常合理的：两艘船并排行驶时，因为船头是尖的，所以两船之间的水面会变窄，水的流速比两船外侧高，压力比外侧小，两船会被挤向一起；若其中一艘船稍微落后，使两船接近的力会使其转向而发生撞船。于是，从此以后，伯努利原理才渐渐得到了它应得到的重视。这是一条很重要的原理，它不仅对于流动的水是适用的，而且对于流动的其它液体和气体也适用。

丹尼尔·伯努利出生于荷兰的格罗宁根，1716年16岁时获艺术硕士学位，1721年获瑞士巴塞尔大学医学博士学位，同年申请巴塞尔大学的解剖学和植物学教授职位，但未成功。

丹尼尔受父兄影响，一直很喜欢数学。1724年，他在威尼斯旅途中发表《数学练习》，引起了当时学术界的关注，并被邀请到圣彼得堡科学院工作。1725年，25岁的丹尼尔受聘为数学教授。1727年，20岁的欧拉（后人将他与阿基米德、牛顿和高斯并列为数学史上的"四杰"）到圣彼得堡成为丹尼尔的助手。

然而，丹尼尔不习惯圣彼得堡的生活，1733年，他找到机会返回巴塞尔大学，终于在那儿成为解剖学和植物学教授，最后又成为物理学教授。

1734年，丹尼尔荣获巴黎科学院奖金，他总共10次获得该奖金，能与丹尼尔媲美的只有大数学家欧拉。丹尼尔和欧拉保持了近40年的学术通信，在科学史上留下一段佳话。

在伯努利家族中，丹尼尔是涉及科学领域较多的人。他出版了经典著作《流体动力学》；研究弹性弦的横向振动问题，提出声音在空气中的传播规律。他的论著还涉及天文学、地球引力、潮汐、磁学、振动理论、船体航行的稳定和生理学等。博学的丹尼尔成为伯努利家族的代表。

丹尼尔于1747年当选柏林科学院院士，1748年当选巴黎科学院院士，1750年当选英国皇家学会会员。

4.4　空中的巨型"飞鱼"

1784年7月6日，法国巴黎的近郊，人们三三两两神情紧张地聚在一起，时而仰望天上。他们在干什么呢？

他们在看天上出现的一个奇异景象：一条约有16米长、10米直径的大"飞鱼"，正漂浮在空中。原来，这一天是法国人罗伯特兄弟进行世界上的第一次飞艇试验的日子。

在此之前，人们已经进行过载人的气球飞行，但是气球的飞行方向是不能控制的，作为一种游戏或表演是挺好玩的，但要想利用它来进行空中的交通运输就不行了。罗伯特兄弟于是萌生了一个念头：在气球上配备推进器材，使它定向飞行。

罗伯特兄弟把气球制作成水滴的形状，它的气囊的容积达940立方米。当充满氢气后，气球就可以带着数百千克的重物升上天去。

第一次试飞开始了。气囊里充进氢气之后，这鱼形气球便顺利上升，而且"飞鱼"居然还能笨拙地在空中转向。然而，很快，罗伯特兄弟发现事情有点不妙——气球一直在缓缓上升，气囊逐渐胀大起来，马上就要爆炸了！

原来，气球愈向上升，大气压强愈低，外边大气压一降低，氢气球体积就膨胀。一旦气球胀破，试飞者的命运是可想而知的。情急之下，兄弟中的一人抓起一把匕首，冒着极大的危险攀上吊绳，用力刺破气囊。随着氢气泄了出来，气球终于安全地降落了。

两个月后，罗伯特兄弟驾着装有放气阀门的气球升上了天空。这次，他们连续飞行了7小时，按照计划着陆了。罗伯特兄弟的这种可以操纵方向的气球便是飞艇，而且，他们设计的飞艇外形很合理，符合科学原理，以后制造的飞艇基本上都是这种外形。

到19世纪时，由于新的动力机械的发明，飞艇的制造跃上了一个台阶。1884年，在巴黎，一艘51米长的"法国号"飞艇上天了。它装有一台电动机，带动直径5米的大螺旋桨，最大航速可达每小时24千米。

图4.4.1　飞艇

五、力与生活

5.1　人是怎样走路的

人的活动离不开走路，但学会走路并不容易。原始人从四足爬行进化到双足直立行走，经历了漫长的历程。现代人走路不论姿势多么优美，也都曾经历过摇摇晃晃、跌跌撞撞的学步阶段。

一些人认为，人之所以能起步，是因为人蹬地的同时，地面对人的脚底有静摩擦力作用。这种说法肯定是正确的，但用以分析人走路的力学机制还是不完全的，并存在两个疑问。疑问一，相互施加静摩擦力的两个物体，不可能有相对运动，为什么人走路时会向前移动？疑问二，人走路时地面施予人的脚底的摩擦力是静摩擦力，其力的作用点无水平方向的位移，该力做的功应该是零，为什么人获得了向前的动力？

人起步时，虽然人的脚底的静摩擦力的作用点没有水平方向的位移，但人的重心（也称质心）发生了水平方向的位移，也就是说静摩擦力对人的重心做了功，正是因为这个功使人的重心动能增大，人才得以起步前行。这同时也辩驳了"摩擦力总是抵制运动"的错误观点。所谓迈开脚步，不过是调动人体内有关的肌肉群把某一条腿向前推进，这些肌肉对这条腿的作用力是人体的内力，其反作用力也是人体的内力，如果没有静摩擦力的参与，人的重心在水平方向并不会前进，而是保持静止。看来，如果没有摩擦力，我们还真是寸步难行呢！人们所穿的鞋子底部刻有花纹，就是为了增大鞋子与地面的接触面的粗糙程度，从而增大摩擦力。如果地面潮湿或结了冰，或者鞋底变光滑了，摩擦力变小，就很容易滑倒，这时走路就要小心翼翼。

如果读者注意过鸡和鸭走路的姿势，一定会发现它们有明显的不同。鸡在走路时，在每走一步之前它的头都要向前伸一下，但身体不摇摆。其原因是要想向前走，首先必须把身体的重心向前移，使身体前倾，然后才能向前挪动它的脚，于是就形成伸一次头向前走一步的姿势。当鸡向前奔跑时，头就一直保持向前伸出的姿势，而不再一步一伸了。鸭子走路的姿势就不是这样了，它先把重心移到一只脚上，让另一只脚向前移动一步，然后摆动身体，把重心从后面一只脚移到前面一只脚上，再把后面的一只脚向前移动，如此一摇一摆地前进。人走路的姿势与鸡、鸭有相似的地方：有人走路时有点像鸡，身体不摇摆，但不同的是人不用伸头，而是利用脚腕的转动使身体前倾，从而使重心向前移动，在走动的过程中重心始终是在一条直线上移动的；有人走路时有点像鸭子，身体一摇一摆的，其重心落在两脚之间曲折前移，摇摆的程度因人而异。英国人的所谓绅士风度，体现在走路上就是身体丝毫不摇动，显得很庄重。青少年一般喜欢走路时有点轻微的摇动，显得更加活泼，需要提醒的是不能摇晃得太厉害，否则就会像鸭子走路，有点儿不雅观了。

如果一个人坐到椅子上去，把上身挺直与水平方向成90度角，而且不准把两只脚移到椅子底下去，那么无论他花多大力气，都休想站起来。

为什么会出现这样的情况呢？要说明白这是怎么一回事，得先介绍一下关于物体以及人体平衡的静力学知识。一个站立着的物体，只有当那条从它的重心垂引下来的竖直线没有越出它的底面的时候，才不会倒下，也就是说才能够保持平衡。人在站立的时候，也只在从他的重心引下的竖直线保持在两脚外缘所形成的那个小区域以内的时候才不会跌倒。因此，用一只脚站立是比较困难的，而在钢索上站立就更加困难，这是因为底面太小，从重心引下的竖直线很容易越出底面的缘故。

一个坐直的人，他的身体的重心在身体内部靠近脊椎骨的地方，比肚脐高出大约20厘米。从这点向下引一条竖直线，这条竖直线一定通过椅座落在两脚的后面。但是，这个人要能够站起身来，这条竖直线却一定要通过两脚之间的那块小区域。因此，这个人若要站起身来，一定要把胸部向前倾或者把两脚向后移。把胸部向前倾，是把重心向前移；把两脚向后移，是使从重心引下的竖直线能够落在两脚之间的小区域之内。人们平常从椅子上站起身来的时候，正是这样做的。

再来看看人是怎样走路的。当人开始行走的时候，必定是先抬起一只脚，身子向前倾，此时从他的重心引下的竖直线自然要越出脚的底面的范围，人自然要向前跌倒；但是这个跌倒还没有来得及开始，原来抬起的那只脚已经很快地落到了前面的地面上，使从重心引下的竖直线又落在两脚之间的小区域之内。这样一来，原来已经失去的平衡又恢复了，这个人也前进了一步。当然这是指开始行走迈第一步的时候，走起来之后，由于身体有向前运动的惯性，每迈一步时身体就不需要明显向前倾了。

感兴趣的读者可以做这么一个实验：在迈出一只脚的时候，上身保持原状不前倾，看看自己还能顺利地开始行走不？

5.2 自行车

从1791年法国人希克拉骑着装有两个木轮的"木马"在路易十六王宫的大草坪上奔跑时算起，自行车的出现已有两百多年的历史了。不过希克拉的带轮"木马"还算不上真正的自行车，因为他的"木马"没有车把，没有脚蹬，车子的驱动全靠他自己双脚的奔跑。20多年后，1817年德国男爵德雷斯为带轮"木马"装上了活动车把，使"木马"的转向更为灵活，双脚能暂时离地滑行。这个被称为"步行机器"的新发明在巴黎博览会展出以后，很快成为风行欧洲的消遣玩意儿（图5.2.1）。1839年苏格兰人麦克米伦在后轮装上脚蹬，实现了用脚踏驱动前进，成为名副其实的自行车。1860年法国人拉勒曼将脚蹬装在前轮，前轮设计得比后轮大，目的是想使每踏一圈前进的距离更长些。该车被称为脚踏车（图5.2.2），但它更广为人知的名称是老颠车，因为它完全是木制的，后来车轮改用金属制成，这样的材质加上当时的鹅卵石路，骑起来颠簸得令人十

图5.2.1　德雷斯的步行机器　　图5.2.2　拉勒曼的脚踏车

分难受。

　　1870年，第一辆完全由金属制成的自行车问世了。此时自行车的踏板仍然固定在前轮上，结实的橡胶轮胎和巨大的前轮上长长的辐条使车子骑起来比以前更为平稳。后来，制造者意识到，前轮越大，骑车人踩动一圈踏板所走的路程就越远。英国人斯塔利为提高前进速度，将前轮的直径增大到双脚刚好够得着脚蹬的程度。这种高轮车被戏称为"便士和1/4便士"，因为高大的前轮带一个矮小的后轮恰似一个大硬币配一个小硬币（图5.2.3）。这种车是第一辆被称为自行车的装置。这款自行车一度受到富家子弟的热烈追捧（当时买一辆自行车的钱等于一个普通工人6个月的工资），其受欢迎程度在19世纪80年代达到顶峰。不过高轮车的这种设计也受到了力学规律的惩罚。首先是这种车的骑行难度很大，而且行进时很不稳定。当骑车人遇到障碍或紧急刹车时会由于惯性而向前摔倒，并且前轮时常带动后轮离开地面，使双轮车变成独轮车。向前摔倒时由于骑车人在车把下面无法跳开，就会头朝下摔倒在

图5.2.3 高轮车

图5.2.4 三轮自行车

地，非常狼狈。

当男士们冒着摔断脖子的危险骑高轮两轮车时，受限于长裙和紧身内衣的女士们则可以骑着成人三轮车在公园里闲逛（图5.2.4）。同时，这种车也可以使医生和牧师这样的绅士看上去更庄重、体面些。事实上，现在与汽车相关的许多机械方面的创新最初都是为这种三轮自行车发明的。

在自行车的设计上，新的改进开始出现，许多改进方案都是将小轮改放在前面以避免向前翻车的问题。冶金术的进一步发展激发了自行车设计的又一次革新，确切地说，使自行车的设计又回归到了先前的版本。由于当时的金属已有足够的强度，可以制作出能供人力使用的小巧轻便的优质链条和链轮齿，所以新的自行车设计又回归了原来两轮大小相同的构造，只是有一点不同：以前踏板转一圈轮子也转一圈，现在则可以通过齿轮比例获得与高轮车同样的速度。这种自行车仍然使用硬橡胶轮胎，但是却没有了减震的长辐条，所以骑起来比高轮车难受。

1888年，爱尔兰人邓禄普发明了充气橡胶轮胎，从此自行车完全定型。经过他的改进，自行车兼具了舒适性和安全性，而且由于制作方法的进步，其价格也变得更加便宜，所以人们都争前恐后地骑这种自行车。一百多年来，自行车的性能不断提高，但基本结构没有多大变化。

从1890年到1900年，对于上班族来说，自行车成为一种很实用的交通工具；而对于休闲娱乐来说，它能让上班族有更多灵活的安排。女士们以前只能骑着笨重的成人三轮车在公园里转悠，现在却可以骑这种更方便的自行车，大大增加了她们的活动能力。在19世纪80~90年代，自行车运动十分流行，爱好者们甚至组建了"美国脚踏车手联盟"。该联盟四处游说政府建设更平整的道路，而这实际上也给汽车的发展铺平了道路。

自行车作为最普及的交通工具几乎人人会骑，但是，为什么自行车在静止时一推就倒，却能稳定行驶，要回答这个问题并不容易。如果将一枚硬币竖立在桌面上，只要稍有扰动就会立即倒下；如果使硬币在桌面上滚动，将会看到，即使倾斜角较大，硬币仍会持续滚动一段距离后才倒下。驾驶自行车也如此，这种现象可以用回转效应（像个陀螺）来解释。当自行车高速行驶时，前轮可视为回转仪。根据右手螺旋法则，前轮角速度的方向指向骑车人的左方。车身稍向左倾斜时，按照右手螺旋法则，重力的力矩指向车后。由于前轮的回转效应，车身并不倒下，只是前轮发生进动。进动方向是使车轮角速度的指向靠拢重力矩的指向，即前轮向左转。前轮既然向左转，自行车就左转弯，随之出现向右的惯性离心力，对倾斜予以校正，使车身恢复竖直，从而保证了自行车在行驶中的平稳（车身稍向右倾斜时同理）。我们常会看到，杂技演员骑自行车表演时，双手不握车把，只是身体稍向右倾斜，车子就会向右转弯。看来，骑车人的主动行为对行驶稳定性起着重要作用。对于不会骑车的人来说，骑上再好的自行车也不可能稳定前行。

自行车的很多结构也可以利用一些简单的力学知识来解释。例如，当人骑在自行车上时，通过脚踏板和前链盘驱动车的链条带动后链盘，后链盘又带动后轮转动起来。此时，自行车后轮是主动轮，它的表面与地面接触的部分在与地面接触的瞬间有一个相对于地面向后运动的趋势，因此，后轮受到地面一个向前的静摩擦力，这个力推动整辆自行车向前运动，这个力就是自行车的主动力。另外，自行车的车座下面安有弹簧，坐垫一般用泡沫、海绵、皮料（或塑料）制成，这样的设计使车座可以避震。当自行车行驶在凹凸不平的路面时，人随着车的起伏上下震动，弹簧的弹力增加了人与坐垫的接触时间。若震动中冲量不变，接触时间增加，则人与坐垫的接触力减小，起到了缓冲的作用。所以，如果没有这样的设计，人坐在车座上就会被震得很厉害，这也是坐在后架上的人臀部总比坐在车座上的人痛的原因。当然，还有很多细节可用力学知识来解释，如果细细观察，会发现更多。

1868年，一些外国人把自行车引入上海。20世纪后期，中国已成为名副其实的自行车大国。后来，由于私人汽车的普及，自行车的总量少了许多，但是在当下又出现了"共享单车",它不但解决了"最后一公里"的难题,而且还让无数人又重拾对自行车的喜爱。希望有更多的人喜欢自行车,这对环境、对社会、对自己都是好事。

5.3 车轮上的秘密

学生上学,成人上班,有骑自行车的,还有乘坐公共汽车和单位班车的,或乘坐私家或公家的小汽车。对于飞转的车轮,我们都不陌生,可是,很多人可能没注意车轮上的秘密。

为了探寻这个秘密,可把一张纸片贴在自行车的车胎上,然后让朋友骑行,就可以看到一个不平常的现象:当纸片在车轮跟地面相接触的下端的时候,可以清楚地辨别纸片的移动;但是,当它转到远离地面的上端的时候,却很快就闪过去了,甚至来不及看清楚。

这样看来,车轮的上部似乎比下部转动得快些。观察行驶着的车子的上下轮辐也可以看到,轮子上半部的轮辐几乎连成一片,而下半部的却可以一条一条辨别清楚。这似乎也说明车轮的上半部比下半部旋转得快些。

那么,这个奇怪的现象怎么解释呢?其实很简单:车轮的上半部的确比下半部移动(而不是转动)得更快一些。这初听起来不太好懂,但是只要仔细想一下就能弄明白。如果车子是向前进的,在滚动着的车轮上的每一点都在进行两种运动——绕轴旋转的运动和跟轴向前移动的运动。人们实际看到的是这两个运动叠加起来的结果,而这个叠加的结果对于车轮的上半部和下半部并不相同。对于车轮的上半部,因为这两个运动是同一方向的，车轮的旋转运动要加到它的前进运动上；但是对于车轮的下半部，车轮的旋转却是向相反方向的，因此要从前进运动中减去。在一个静止的人看来，车轮上半部移动得比下半部更快一些，原因就在这里。

可见，行驶着的车子的车轮上的点，运动的快慢并不是一样的。那么，一个旋转着的车轮上究竟哪一部分移动得最慢呢？移动得最慢的，不难想象是跟地面接触那一部分的点。严格地说，这些点在跟地面接触的一瞬间，它们是完全没有向前移动的。

当然，以上所说的一切，都是对于向前滚动的车轮来说的，对于那些在固定不动的轮轴上旋转的轮子并不适用。例如一只飞轮，轮缘上的随便哪一点都是以相同的速度在移动的。

5.4 当小鸟撞上飞机的时候

小鸟在空中自由飞翔，多么可爱，多么让人向往。终于，人类凭借着自己的聪明才智发明了飞机，实现了翱翔长空的梦想。但是，当我们与鸟儿共享一个蓝天的时候，矛盾也随之出现了：一不小心，小小的鸟儿和大大的飞机撞到了一起。有人可能会认为，小鸟死定了，飞机似乎不用怎么担心。但是，事实不是这么简单的：小鸟确实必死无疑，而飞机也可能坠毁，即使能够逃脱毁灭的厄运，也难免受到重创。这种事情，在人类航空史上屡见不鲜。

1980年8月，在印度加尔各答附近，一只小鸟和一架波音737飞机撞到一起，因为小鸟只是撞到了飞机的翅膀上，没

图 5.4.1　被鸟撞坏的飞机

有妨碍飞行，回到地面上一看，飞机翅膀被撞出一个半米多的大洞。

在中国也发生过类似的事故。1978年10月9日，中国空军某部有4架喷气式飞机奉命出航。飞行中队长驾机刚刚升空，他一抬头，突然发现有一只老鹰向飞机头的左侧飞去，然后就消失了。中队长暗想，这只老鹰哪里去了呢？它钻进飞机的发动机了吗？于是他赶紧看飞机的仪表，发现发动机的温度急速上升，同时发出轰隆轰隆的声音，说明发动机工作不正常。中队长猜想，老鹰可能钻进飞机的进气道了，于是马上请求降落。回到地面马上进行检查，结果真的是老鹰钻进了飞机的进气道。

还有一次，一架歼击机跟一只大雁相撞，大雁向飞行中的飞机迎面飞来，竟穿过厚厚的玻璃，把飞行员撞得昏了过去。副飞行员立即代替飞行员，才避免了飞机坠毁。

那么，为什么飞鸟有那么大的破坏力呢？

这个道理很简单：飞机本身的速度加上小鸟的速度，就把这些可爱的小鸟变成了危险的"炮弹"。简单地讲,当两个物体以相对的方向用几乎相等的速度移动时,实际效果就像速度增加了一倍,当然撞击所产生的力量就增加了许多。

一个"和平"的物体以不大的速度掷向高速运动的物体,也会产生很大的破坏作用。1924年,苏联举行过一次汽车比赛,沿途的农民看到汽车从身旁飞驰而过,为了表示祝贺就向汽车扔西瓜、香瓜、苹果等物品。这些好意的礼物却起到了很不好的作用:西瓜和香瓜把车身砸凹了,苹果落到了驾驶员的身上,造成了严重的外伤。道理同上。

相反地,假如一颗从机枪射出的子弹在飞机后面用跟飞机相同的速度前进,这颗子弹对于飞机上的飞行员将是没有伤害作用的。两个物体向相同方向用几乎相等的速度移动,在接触的时候是不会发生撞击的。据报载,在第一次世界大战的时候,一个法国飞行员碰到了一件极不寻常的事:当这个飞行员在2 000米高空飞行的时候,发现脸旁有一个什么小玩意儿在游动着。飞行员以为,这一定是一只什么小昆虫,便敏捷地把它一把抓了过来。没有想到的是,他抓到的竟然是一颗德国人射出的子弹!这倒像一个关于相对运动的演示实验:飞行员的运动速度和方向与子弹的运动速度和方向一样,所以二者是相对静止的。这也算得上战争中的一件趣事吧!

5.5 摩擦力的作用

手里拿着两根绳子,要把它们变成一根,怎么办?打个结呗!然后用力拉扯一下,绳子居然没有散开。到底是什么使得一个小小的绳结具有那么大的本事呢？是摩擦力。

摩擦力使人类能够不用提心吊胆地走路（想想在结了冰的地面上走路的情形），使书本和墨水瓶不会滑到地板上，使桌子不会自己滑向墙角，使钢笔不会从手里掉落，等等。

图 5.5.1 汽车防滑链

早在远古的时候人们已经意识到摩擦力的存在，并想方设法克服它产生的不利影响。同样，对摩擦现象的研究也有漫长而曲折的历史。但从理论上对摩擦进行研究，则开始于 15 世纪的文艺复兴时期，达·芬奇的工作是人类对摩擦的第一个有记载的定量研究。

1508 年，达·芬奇使用石头和木头开始了对固体摩擦的实验研究，他测量了水平和倾斜平面上物体间的摩擦力，测量了半圆形截面槽或半支承座与滚筒间的摩擦，进行了表面接触面积对摩擦阻力影响的实验研究，已发现了同等重量的物体之间的摩擦力与接触面积无关。

达·芬奇首次引入了摩擦系数概念，此外，他还研究了摩擦面间有润滑油和其它东西介入时对摩擦的影响，并将这种情况下的摩擦称为复合摩擦。

到了17世纪，许多研究者进行了各种各样的摩擦实验研究，其中最有成就者是法国实验物理学家阿蒙顿，他把产生摩擦的基本原因归结为摩擦表面的凸凹不平。在这一时期内，摩擦研究还有两项成就：其一，将摩擦力引进力学体系；其二，对摩擦力产生的机制进行了理论研究。对摩擦力产生机制的认识，基本上有两种观点，即凸凹说和分子说。

18世纪后期，法国物理学家库仑对摩擦问题进行了一定的研究。1781年，巴黎科学院以摩擦定律和绳的倔强性为题，进行了一次有奖竞赛，库仑以"简单机械理论"为题的论文赢得了这次竞赛奖。他研究了平面的摩擦，绳缆的摩擦，枢轴承的摩擦和滚动摩擦。库仑的高明之处在于他不仅考虑了接触面的性质、表面涂层的性质、接触面受到的压力、接触面大小、在接触面上通过的时间、接触面的最大和最小速率，偶尔还考虑了大气特别是湿度对摩擦的影响，只有那些影响很小的因素，他才略而不计。

库仑的工作汇集了达·芬奇以来的科学家的研究成果，把对摩擦现象的认识提高到了一个新水平。

20世纪的研究焦点是摩擦力的产生机制，其中对分子说的再认识基本代表了20世纪摩擦研究的主流。20世纪摩擦理论的发展是和此时的技术进步分不开的。这一时期表面加工技术的发展，半导体工业所需要的高真空、高洁净环境技术的发展，都为摩擦现象的研究及理论发展创造了条件。摩擦研究的历史也充分说明了技术发展水平的制约作用，可以说，摩擦研究的历史是机械技术史的一部分。

5.6 浮力的妙用

古时候，黄河的风陵渡附近有一座浮桥，人们铸了4只上万斤的铁牛，分别放在河的两岸，借助它们的重量固定浮桥。然而在宋朝的时候，黄河发大水，洪水不仅把浮桥冲断了，还把这4只大铁牛冲走了近百米，并深陷在淤泥之中。洪水过后，官府开始重新修建浮桥，别的材料都准备好了，就差这4只铁牛。重新铸造铁牛既费时间又费材料，铸造上万斤的铁牛是要花上一大笔钱的。官府于是就贴出了一张招贤榜文，招请能够把铁牛从水里打捞起来的贤能之人。

招贤榜贴在城门口，还派专人等候着。来来往往的人看了榜文，大家对这件事情很关心，可都想不出什么办法，只好摇摇头走开了。一连几天都是如此。忽然，有一天，一个和尚走出人群把榜揭了去。

人们想这个师父大概有一些"法力"，能把铁牛捞上来，或者能请神佛来帮助打捞。

这个和尚名叫怀丙。他认为，铁牛是被河水冲走的，应该叫河水再把它送回来。

怀丙先派了几个熟悉水性的人潜到水底，摸清了铁牛沉没的具体位置，又叫人把两只很大的木船并排拴在一起，船上装满泥沙。两艘船之间，搭建了一个很结实的木头架子。他指挥人们把船停在铁牛沉没的地方，让人把铁索一端拴在木架上，一端则派人潜水拴在铁牛上。这一切完成后，和尚就让人

图 5.6.1　和尚捞铁牛

把船上的泥沙扔到河里去。随着泥沙的减少，船慢慢地向上升起来。就这样连续地工作下去，几个钟头之后铁牛终于被从淤泥中拔了出来。

怀丙是一个出色的工程专家，他是河北真定人，少时既聪明又好学，从小出家当了和尚。

怀丙为什么能够把铁牛从淤泥中拔出来呢？原来木船里最初都装满了泥沙，有上万斤重，所以两艘船的"吃水"都很深，这时的木船受到的浮力等于船重加上泥沙的重。当泥沙被一铲一铲地扔到河里时，两船受到的浮力就超过了船重和余下的泥沙重。这多余的浮力，就用来往上拉铁牛。当船上的泥沙扔完时，多余的浮力超过了铁牛在水里的重量，铁牛就被从淤泥中拔了出来。

类似的利用浮力打捞的例子，在我国的历史上并不是只有一个。

大约160多年前，清政府向外国订购了一批大炮。在运回的过程中，因为遇到了强台风，一艘大木船连船带炮沉到了浙

江温州附近的海底。当时，一个叫任昭材的水手自告奋勇地承担起打捞的重任。他带领8艘大船来到沉船的海面，将每两艘船分为一组，其中一艘装满石子，另一艘空着。接着，用4根绳索拴在沉船的船头上，4根拴在船尾上。这8根绳索的另一端则分别拴在8艘木船上。任昭材指挥人们把4艘船上的石子分别挑到另外4艘空船上，然后再挑回来。如此这般倒腾了十几次，沉船和大炮居然就露出了水面。

4艘装满石子的船本来"吃水"很深，把它上面的石子慢慢地挑走时，它就渐渐地向上浮起。拴在船上的绳索本来就已经被拉紧，现在自然就会拉着沉船慢慢上升。而空船上拴的绳索本来是和有石子的船上所拴的绳索等长的，现在自然就会处于松弛状态，再加上石子装上之后，它的"吃水"又比空船的时候深，如此一来绳索的松弛程度就更大。当石子全挑过来后，就把松了的绳索收紧。当石子再一担一担被送回原来的船上时，这4艘船就逐渐上升，沉船也跟着再上升，原来的4艘船上的绳索又松弛了下来。如此这般地往复十几次，沉船自然也就被打捞了上来。

在国外，也有着类似的经典案例。

1916年，庞大而又结实的破冰船"萨特阔"号沉入25米深的海底。起初，人们想不出好的打捞办法，只得让它在海底静静地躺了17年。

到了1933年，苏联组织的"水下特殊工作队"决定让这艘破冰船起死回生。他们在沉没的船体下面的海床上挖了12条沟道，从每条沟道里穿过一条结实的钢缆。钢缆两端分别固定在一个特地沉到破冰船两旁的浮筒上。

　　所谓浮筒，其实就是一种不会漏气的结实的空铁筒，每个长11米，直径5.5米。铁筒本身质量达50吨，体积约250立方米。这样的铁筒是不会自动沉到水底的，因为它本身的质量只有50吨，而完全浸在水里时排开水的质量却可达250吨，由此产生的浮力要比筒本身的重力大得多。为了让它沉入海底，需要预先把它灌满水。

　　把12条钢缆都固定在沉到海底的浮筒上之后，就开始用软管把4个大气压的压缩空气压入浮筒内。筒内的水被挤出后，浮筒变轻，但排开水的质量仍为250吨，于是24个浮筒排开水的总质量减去它们自身的质量就多达4 800吨，由此产生的浮力大大超过了"萨特阔"号在水里的重量，庞然大物"萨特阔"号终于又升到了海面之上。

　　由此可见，巧用浮力可以干大事。

5.7　谈谈车的拐弯

　　汽车的拐弯一般可以分为两种情况，一种是水平路面上的拐弯，另一种是特殊设计的路面上的拐弯。

图5.7.1　汽车在水平路面上的拐弯

图5.7.2　汽车在特殊设计的路面上的拐弯

　　汽车的拐弯，无论是哪一种，从运动的角度来看都是圆周运动。学过物理学的圆周运动知识的人都知道，物体在作圆周运动的时候，必须要有一个向心力去改变速度的方向。当然，不同物体在不同情况下作圆周运动时的向心力可以由不同的力去充当，有的时候可以是摩擦力，有的时候可以是支持力，有的时候也可以是重力。

　　汽车在水平路面上拐弯的情况下，汽车作圆周运动的圆平面与路面是平行的。此时汽车所受的重力和地面给它的支持力都是与这个圆平面垂直的，并不能充当向心力。在这种情况下，只有一个力能充当向心力，那就是地面给汽车的静摩擦力。地面给汽车的静摩擦力是有限度的，即存在着所谓的最大静摩擦力，其大小取决于汽车自身的重量，以及汽车轮胎和路面的粗糙程度。这意味着汽车在拐弯的时候在速度上要受到限制。物体能够顺利地作圆周运动所需要的向心力与物体运动的速度、圆周运动的半径、物体的质量有关，在半径和质量一定的情况下，速度越大意味着所需要的向心力越大。当摩擦力不足够大时，危险就会出现：轻则汽车向外侧滑，重则汽车向外翻滚。所以，开车的朋友们要注意，拐弯的时候一定要控制好车速，要减速慢行！

　　汽车的第二种拐弯，其实是人们意识到第一种拐弯有潜在的危险，进而采取的一种补救措施。如果留心一下，不难发现很多路在拐弯的地段路面并不是完全水平的，而是内低外高的。这其实就是一种补救，是为了弥补静摩擦力的可能不足。那么，其中的道理是什么呢？

　　在这种情况下汽车作圆周运动的圆平面还是水平的，但已经不与此时的路面平行了。接下来看汽车的受力情况。力的数量并没有增多，还是3个：重力、支持力和摩擦力。由于路面与圆平面不平行，所以支持力也就不再与圆平面垂直——它始终与路面垂直。如此一来，这个支持力就可以分解出一个分量来充当向心力的角色，所以，这种情况下拐弯的安全性就比在水平路面拐弯增加了不少。虽然如此，对于开车的人来说逢弯减速还是要牢记心头的。

　　火车的拐弯其实与汽车的第二种拐弯大同小异，路面也要修成内低外高的格局，只不过路面是两条轨道，要求内轨低于外轨。但是，也正是因为轨道的缘故，火车拐弯时的速度有更加严格的限制，因为如果支持力的水平分量小于或者超过拐弯所需要的向心力，就需要通过轨道与火车的相互作用来达到拐弯的要求了。具体地说，如果火车的速度低，则提供的力超过了拐弯所需要的，那么多出来的部分就会挤压内侧轨道；反过来，如果火车速度高出了一定值，火车就会挤压外侧轨道。无论哪一种情况，挤压轨道都不是好事，一次两次还不算什么，但是日积月累，造成的危害就大了。也正是因为这样的原因，拐弯问题成了制约火车提速的重要因素之一。

至于比赛型的自行车、摩托车的拐弯，首先赛道都是外高内低的，另外，在拐弯的时候驾驶人员还会控制车体与地面之间形成足够小的角度，有时候观众甚至觉得那些车快要倒下了。为什么要这样？因为车体与地面之间的角度越小，支持力的水平分量就越大。

图5.7.3　比赛中的自行车转弯

图5.7.4　比赛中的摩托车转弯

下 篇

光学现象

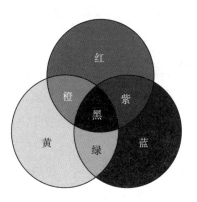

六、自然光现象

黎明前的黑暗终究挡不住太阳的脚步，日出东方，光，这个神奇的存在再次悄然降临人间。乌云压顶，雷声隆隆，一道闪电划过，就像天在刹那间被撕裂一样，这刹那间的震撼，也离不开光的作用。雨过天晴，一道彩虹高悬天边，引来孩子们的欢呼，这彩虹也是光的杰作。光，这个大自然中寻常而又特殊的存在，时时刻刻地为我们带来光明，又时不时地带来奇观。

6.1　海市蜃楼

说起帝王，秦始皇、汉武帝应该算是我国历史上很了不起的两位了，但是，他们也和常人一样，期盼着能够活得更长一些，最好能长生不老。为此，他们兴师动众、劳民伤财地派人到海外去寻找所谓的仙山仙岛。那个时候，上至帝王将相下至平民百姓都相信在蔚蓝的大海上漂浮着几座神奇的仙家岛屿，上面有琼楼玉宇、仙人无数。

时代发展到了今天，科学武装了我们的头脑，也给了我们一双可以看破虚妄的眼睛。科学家告诉我们，那些帝王们寻找的所谓仙岛仙山不过是"海市蜃楼"罢了。科学虽然破除了虚妄，但是人们在保持头脑清醒的同时，依然可以以欣赏奇景的心态去欣赏海市蜃楼这一大自然的奇观。

　　在人类的智慧还不足以理解海市蜃楼的形成原因的时代，人们只好将它形成的原因归于一种神奇的生物——蜃。这种生物闲来无事的时候，喜欢晒晒太阳，吐吐气。蜃吐气，奇景现，这奇景便被称为海市蜃楼。

图6.6.1　海市蜃楼景象

　　现在，懂得一些光学知识的人都知道，海市蜃楼不是什么蜃吐气，也不是什么神仙景象，只不过是一种光学幻景，是地球上物体反射的光经大气折射和全反射之后形成的虚像。

　　我们都知道，光在同一种均匀的介质中是沿着直线向前传播的，但是当它从一种介质进入另一种介质的时候，就会出现传播方向发生改变的现象，这就是所谓的折射。在物理学上，把介质改变光的传播方向的程度叫作这种介质对光的折射率。折射率越大，光进入这种介质之后传播方向的改变程度就越厉害。折射率与介质的密度有着直接的关系。

空气也是一种介质。不同密度的空气对光的折射率是不一样的，而空气的密度则会随着温度的变化而变化。当温度升高的时候，空气的密度会变小；反之，温度降低的时候，空气的密度会升高。

光在不同折射率的物质中传播的时候，还会发生一种神奇的现象，那就是光的全反射现象。全反射现象的发生需要两个基本条件，一个是光是从折射率大的介质向折射率小的介质传播的，另一个是入射的角度要大到一定的程度。当全反射发生的时候，光线会被完全地反射回折射率大的介质。但是，我们人的眼睛在看东西的时候，总是以为光是沿着直线过来的，总会逆着光来的方向按照直线往回追溯发出光的物体。如此一来，眼睛看到的全反射景象就不再是实际的物体，而只是实际

图6.1.2　海面蜃景的形成原理

物体的一个虚像,这就是蜃景的本质。

根据蜃景的特点,可以分为上现、下现和侧现三种。

上现蜃景一般出现在海面或者有冰雪覆盖的地方。在夏季,白天的时候海水温度比较低,特别是有冷水流经过的海面水温更低。下层空气受水温影响而温度降低,以至于比上层空气的温度还要低,从而出现下冷上暖的反常现象(正常情况下空气是下暖上凉的,平均每升高100米,气温降低0.6℃左右)。下层空气本来就因气压较高,密度较大,再加上气温又比上层低,密度就更大,导致不同空气层之间的密度差异增大。

我们可以假设有一艘轮船在地平线下面,一般情况下我们是看不见它的。如果这个时候空气下密上稀的差异变大了,轮船反射出来的光线由密的气层逐渐折射进入稀的气层,并在上层发生全反射,又折回到下层密的气层中来。光线经过这样弯曲的线路进入我们的眼中,我们就能看到轮船的像。由于人的视觉总是感到物像是来自直线方向的,因此我们所看到的轮船影像比实物抬高了许多,所以称为上现蜃景。

在沙漠里,白天沙石被太阳晒得灼热,接近沙层的空气温度升高极快。由于空气不善于传热,所以在无风的时候,空气上下层间的热量交换极小,遂使下热上冷的气温垂直差异非常显著,并导致下层空气密度反而比上层小的反常现象。在这种情况下,如果前方有一棵树,它生长在比较湿润的一块地方,这时由树梢倾斜向下投射的光线,因为是由密度大的空气层进入密度小的空气层,所以会发生折射。折射光线到了贴近地面热而稀的空气层时,就发生全反射,光线又由近地面密度小的

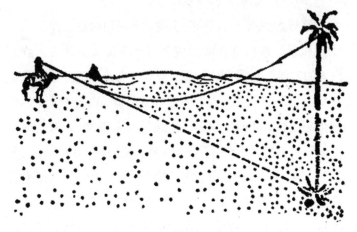

图6.1.3　沙漠上的下现蜃景

空气层反射回上面密度大的空气层。这样，经过一条向下凹陷的弯曲路线，把树的影像送到人的眼中，人就看到了一棵树的倒影。由于倒影位于实物的下面，所以称为下现蜃景。

有时，在山坡、峭壁旁或某些高大建筑物的旁边，也会有温度和密度不同的空气层。当水平方向的空气密度出现明显不同，从而使得空气折射率在水平方向存在明显不同的时候，便可能出现侧现蜃景。如果你和你的同伴正在行走，同伴走在你的前面，当他进入这些空气层时，你就有可能看到一个十分奇异的幻景，这个幻景出现在你同伴的侧面。当幻景被歪曲、放大而失去原来样子的时候，你会以为是妖怪出现在了眼前。其实，这就是所谓的侧现蜃景，不是什么灵异事件。

蜃景有两个特点：一是在同一地点重复出现，比如美国的阿拉斯加上空经常会出现蜃景；二是出现的时间一致，比如我国蓬莱的蜃景大多出现在每年的5、6月份，俄罗斯齐姆连斯克附近的蜃景往往是在春天出现，而美国阿拉斯加的蜃景一般是在6月20日以后的20天内出现。

关于高温的柏油马路上面出现的类似于明亮水面的景象，有人认为是海市蜃楼景象，也有人认为这种现象并不是海市蜃楼景象，只是普通的镜面反射现象。关于这个问题，首都师范大学物理系王福合教授带领他的研究生做过专门的实验研究，认为这是掠入射（入射角接近90°）时的正常反射，不是海市蜃楼景象。

图6.1.4　马路上的水迹景象

6.2　海滋现象

"海滋"这个名词第一次出现在世人的视野之中，大约是在1984年的时候。当时，山东长岛县志办公室工作人员在修志调查的过程中从当地的渔人嘴里听到了这个名词，然后将其记入了《长岛县概况》。1985年，"海滋"被收入了《山东各地概况》。

2009年11月2日，由于天气骤然变冷，山东省威海市海上公园海域和小石岛海域分别出现海滋奇观。这天上午，在海上公园海域刘公岛南侧海平面上出现一个个飘忽不定的小岛，小岛北侧是一艘大船，好像停靠在岸边的客轮。随着时间和光线的变化，小岛的位置和形状也开始发生变化。下午16时许，小石岛西部海域附近也出现了漂浮在海面上的一些移动的景物，其中最明显的是两栋类似楼房的建筑物矗立在海面上，在楼房北侧海域，隐约可见两座山在海面上漂浮不定，令人叹为观止。

对海市蜃楼与海滋的鉴别，长期以来存有争执。1988年6月17日在山东长岛海域曾出现一次长达5小时之久的海滋景观，当时还因鉴别为海市蜃楼还是海滋发生过一次学术争论。

海滋是一种大气光学现象。当水温与气温存在较大差异且海面上的空气层产生强逆温时，低空海面生成密度较大的"水晶体空气层"，当光线透过时发生折射或全反射，导致海上岛屿、船只等景物的像产生变形并脱离海面，就形成了自然景观"海滋"。

"海市蜃楼"与"海滋"的区别在于一远一近，一虚一实。举例来说，如果在蓬莱海边的半空中出现了一幅来自于英国伦敦的景象，那毫无疑问属于"蜃景"；但是，如果看到的是海面上的小岛在半空中的景象，也就是在真实的小岛上空又多了一幅相同的小岛景象，那就是"海滋"现象了。

不过，也有人认为，海滋现象其实就是海市蜃楼中的上现蜃景，这也算一家之言。

海市蜃楼与海滋、平流雾被誉为海上三大自然景观,是价值极高的旅游资源,但可遇而不可求。建立精确的理论进而对它们出现的时间和地点做出准确预报是众人所期待的,这给科学工作者提出了一项有意义的研究课题。

6.3　太阳风的杰作——极光

极光被认为是自然界中最漂亮的奇观之一。早在2 000多年前,中国就开始观测极光,有着丰富的极光记录。极光多种多样,五彩缤纷,形状不一,绮丽无比,任何彩笔都很难绘出那在严寒的两极空气中变幻莫测的炫目之光。极光有时持续时间极短,犹如节日的焰火在空中闪现一下就消失得无影无踪,有时却可以在苍穹之中辉映几个小时;有时像一条彩带,有时像一团火。天空就像一张巨大的银幕,极光奇景就像上映的一场场球幕电影,给人以美的冲击和享受。

地球上的极光,一般只在南北两极高纬度的地区出现。在南极地区出现的极光,被称为南极光;在北极地区出现的,自然就称为北极光。不过,极光偶尔也会在一些纬度不是特别高的地方露个脸。2010年8月1日的太阳风暴恰好面向地球爆发,携带大量带电粒子的太阳风准确无误地"击中"地球,与地球磁场相互作用产

图6.3.1　极光

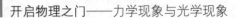

生"磁暴",使得美国密歇根州、丹麦和英国等纬度稍低的地区都看到了美丽的北极光景观。

科学家的研究发现,极光其实就是地球周围的一种大规模放电现象,而这种放电现象的发生则是因为太阳。太阳除了释放出光和热等形式的能量,还释放出一种叫作"太阳风"的东西,正是太阳风的降临,才带来了极光美景。太阳风当然不是像地球上的风那样的东西,它是太阳喷射出来的带电粒子形成的粒子流。这些速度达到360~700千米/秒的粒子流冲进地球磁场后,落到低纬度区域的粒子因为受到地球磁场给它们的明显的洛仑兹力作用又远离地球而去,而那些落到高纬度地区的则因为受到的洛仑兹力极不明显,从而有机会深入到地表大气层之中,与大气中的原子和分子碰撞并激发它们而发光,形成极光。由于大气层所含的成分不同,光的色彩也就不同。当太阳风进入大气层后,那些带电粒子会大量地被空气所吸收,到距离地面约80千米的地方所有的粒子都被吸收殆尽,极光至此消失,所以距地面80千米就成了极光带的下限位置。

2015年3月3日凌晨,中国南极中山站上空出现绚丽的极光现象,持续时间超过数小时。由于中山站特殊的地理位置,一天两次穿越极光带,是世界上进行极光观测的最佳场所之一。

极光虽然美丽,但是它在地球大气层中投下的能量可以与全世界各国发电厂所产生电量的总和相比。这种能量常常扰乱无线电和雷达的信号。极光所产生的强电流,也可以干扰长途电话和电力传输,甚至使某些地区暂时失去电力供应。怎样利用极光的能量为人类造福，是当今科学界的一项重要任务。

极光并不是地球上独有的现象，太阳系内那些具有磁场的行星上同样可以产生极光。木星和土星这两颗行星都有比地球更强的磁场，哈勃太空望远镜也很清楚地看到了这两颗行星上的极光。在金星和火星上也曾观测到极光。

极光在东西方的神话传说中都留下了美丽的身影。在我国的古书《山海经》中就有极光的记载，书中谈到北方有个神仙，形貌如一条红色的蛇，在夜空中闪闪发光，它的名字叫烛龙。这里所说的烛龙，实际上就是极光。

极光这一术语来源于拉丁文"伊欧斯"一词。传说伊欧斯是希腊神话中"黎明"的化身，是希腊神泰坦的女儿，是太阳神和月亮女神的妹妹，她又是北风等多种风和黄昏星等多颗星的母亲。极光还曾被说成猎户星座的妻子。

因纽特人认为极光是神灵引导死者灵魂上天堂的火炬，深信快速移动的极光会发出神灵在空中踏步的声音，将取走人的灵魂，留下厄运。

6.4　"鬼火"的奥秘

关于鬼的话题，中华文化里有着丰富的内容，人死为鬼，这是一般的说法，然后有十殿阎罗、十八层地狱等等。不管鬼存不存在，"鬼火"这种现象确实是存在的。

"鬼火"之所以被称为"鬼火"，主要是因为它最频繁出现的地方是坟场这一类有死人的地方，总是出现在盛夏的夜晚。试想一下，荒郊野外，漆黑一片，突然看见不远处忽隐忽现地跳动着一团团明灭不定的昏暗光团，怎能不让人毛骨悚然！在科学知识不足以解释这种现象的年代，人们自然而然地就会将这种吓人的玩意儿与鬼魂作祟联系到了一起。这个时候，人的第一反应就是赶紧飞奔逃遁。不曾想，人一动，这神秘的"鬼火"也跟着动了起来，形成了更加瘆人的"鬼火"追人的景象。于是，关于"鬼火"的种种吓人故事就产生了出来，流传在民间乡里。

图6.4.1　墓地鬼火

不过，时代发展到了今天，我们所掌握的知识已经基本可以解开其中的奥秘了，我们被"鬼火"吓得不轻的心终于可以踏实一点了。

"鬼火"的产生是因为一种叫作磷的元素在发挥作用。磷的发现要归功于一个叫勃兰德的德国人，不过这位可不是正统意义上的科学家，他是一位货真价实的炼金术士。炼金术士是一类很特殊的人，他们一直执着于寻找一种方法能够将普通的

图6.4.2　白磷自燃

铅、铁变成贵重的黄金。他们仿佛疯子一般，利用各种稀奇古怪的器皿和物质，在幽暗的小屋里，口中念着咒语，在炉火里炼，在大缸中搅，朝思暮想地寻找炼出黄金的方法。在一次用强热蒸发人尿的过程中，勃兰德没有得到梦寐以求的黄金，却意外地得到一种像白蜡一样的物质，这玩意儿在黑暗的小屋里居然能够闪闪发光。这种从未见过的白蜡模样的东西，虽不是勃兰德梦寐以求的黄金，可那神奇的蓝绿色的火光却令他兴奋得手舞足蹈。他发现这种绿火不发热，不引燃其它物质，是一种冷光。于是，他就以"冷光"的意思命名这种新发现的物质为"磷"。

　　一般的观点认为，"鬼火"实际上就是"磷火"，是一种很普通的自然现象。人体主要由碳、氢、氧三种元素组成，还包括一些钙、磷、硫、铁等元素。其中，人的骨骼中含有较多的磷化钙。在火化不盛行的古代，人死后躯体直接被埋到了地下，随着时间推移慢慢就会腐烂，在这个过程中，自然免不了发生很多化学反应。其中，骨骼中的磷会由磷酸根状态转化成磷化氢，磷化氢是一种非常容易自燃的气体。在盛夏的时候，不仅尸体中的化学反应很容易发生，由此产生的磷化氢也非常容易自燃从而产生所谓的"鬼火"现象。

那么，"鬼火"为何会追人呢？这里面的道理其实并不难理解，我们知道在无风的夜晚，空气一般都是不怎么流动的，这个时候所谓的"鬼火"便会悬停在某个地方。当有人从旁边走过的时候，自然就会带动空气产生明显的流动，空气一动，十分轻盈的"鬼火"也就被带着动了起来。它运动的快慢自然取决于空气的流动速度，所以就会出现人快它也快，人慢它也慢的瘆人景象。

当然，关于"鬼火"的成因，也不是所有的科学家都认同磷火这种解释。苏联物理学家卡皮查给出了另外一种解释：云、树、建筑物在某些特定环境下都会产生大量电荷，这些电荷的变化可形成不同波长的电磁波射向地面，经过反射之后，入射波与反射波之间发生干涉现象，从而产生了与地表平行的驻波；在驻波的波腹存在着极强的电场，这种极强的电场足以使那个地方的空气分子电离发光。卡皮查的观点可以很好地解释城市中鬼火总在离地3米高处产生，先是固定不动，然后骤然消失，接着又在离地6米高度处再度出现的现象，因为3米和6米这两个位置正好是驻波的第一波腹和第二波腹处。

对"鬼火"现象的解释还要经过最终的科学实验才能够做出定论。神学家也好,科学家也好,都要尊重实验事实,争议最终要通过科学实验来裁定。

6.5 后羿射日与日晕

后羿射日,是中华文化中一个源远流长的传说。

远古的时候,突然出现了严重的旱灾,森林发生大火,禾苗枯死,民不聊生。究其原因,原来是帝俊(中国古代神话中的天帝)与羲和(中国古代神话中的太阳女神)生了十个太阳孩子,以前这十个太阳轮流出来在天空执勤,照耀大地,但有一天,这十个家伙居然调皮地一齐跑了出来,并且从此乐此不疲,天天如此,于是,灾难降临人间。为了拯救人类,后羿张弓搭箭,射掉九个太阳,只剩下了一个太阳,天下从此恢复了正常。

图6.5.1 后羿射日

这只是一个传说，但从另外一个角度来说，天上有十个太阳的事情并非一定不可能，在一些历史记载中，人们确实曾经观察到天上出现多个太阳的景象。

　　1550年，西班牙国王卡尔五世的军队进攻马德堡城，把这个城市围了个水泄不通。在第二年的四月，正当守军面临绝境的时候，天空中突然出现了三个太阳，它们排成了一个横排，两侧的太阳还各自背着一个光亮的十字架。这种神奇天象的出现，立刻震惊了战争双方尤其是入侵者，他们认为这是"天意的预兆"、"上帝正在保卫这座城市"，于是卡尔五世赶紧下令撤军。

图6.5.2　多日当空

　　1790年6月29日，天气还算晴朗，也没有风，只有一层淡淡的薄雾笼罩在彼得堡的上空。大概早上八点左右，人们忽然发现天空中的太阳周围出现了两个彩色的圆环，它们一大一小地套在一起，太阳正好在它们的圆心上。在外环的外面，还分布着三个独立的彩色圆环，其中有两个拖到了地平线上，另一个则在上方向天顶延伸。随着时间的推移，在横贯太阳的方向上又逐渐显现出来一条水平的亮带，在这条亮带和太阳周围的小彩色圆环相交的地方，还出现了两个明亮的大亮斑，就好像两个小太阳一样。这两个小太阳靠近真太阳的一侧都是红色的，而远离的那一侧则各自拖着一条明亮的尾巴，伸向远处。随后，在小彩色圆环的顶部又出现了一个亮点，它光芒四射。这样的奇异景象，在彼得堡的上空一直延续了5个小时左右。

多日同辉这种罕见天象在我国也出现过。1964年7月，在内蒙古出现了三个太阳当空的景象。2012年12月10日，在江苏、上海等地，有多名市民发现天空中出现多个太阳，有上海市民称在上班途中拍到一大一小两个太阳，江苏南通有市民称看到三个太阳同时出现。

图6.5.3　幻日景象

多日同辉属于非常复杂的日晕，形成的条件十分苛刻，还与观察者的观察角度有着密切的关系。在解释多日同辉现象之前，需要先了解一下日晕是什么。

如同前面介绍过的海市蜃楼景象一样，日晕也是一种大气光学现象。日晕产生的时候，空中需要有卷层云存在，卷层云由颗粒状的冰晶组成，是一种很薄的云。有时云的组织薄得几乎看不出来，只使天空呈乳白色；有时丝缕结构隐约可辨，好像乱丝一般。当日光的光线射入卷层云中的冰晶后，经过两次折射分散成不同方向的各种色光。如果卷层云正好分布在太阳的周围，以太阳为中心同一圆圈上的冰晶就都能将同一种颜色的光折射到人的眼睛里，从而使人能够看到内红外紫的晕环。因为卷层云的数量不同，在太阳周围就可能出现一个或两个甚至两个以上以太阳为中心、内红外紫的彩色光环，有时还会出现很多彩色或白色的光点和光弧，这些光环、光点和光弧都属于晕的范畴。

图6.5.4　简单的日晕

图6.5.5　复杂的日晕

　　出现多日同辉这种天气现象所需要的气象条件是比较苛刻的。首先天空得有适量的云，云是产生多日同辉现象的物质载体，云太少了肯定不行，载体不够不足以形成"假日"；云太多了也不行，因为过多的云会把光直接吸收掉，如此一来光就射不到地面上，人的眼睛自然就看不到景象。其次是空气中必须有足够多的水汽，一般都应为六菱体的冰晶，这样才能产生光的折射。最后一个条件就是对风的要求，风要比较小，大气层也要比较稳定，否则，有规则的冰晶会被打乱，就形成不了有规律的光的折射现象。

　　民间有谚语说"日晕三更雨，月晕午时风"。日、月晕的出现，意味着风雨天气即将到来。所以，日晕现象并不是什么不祥的预兆，只是一种正常的天气现象。另外，从这个谚语中，我们也可以知道，大自然中不仅有日晕，同样也有月晕。当然，不论是日晕还是月晕，其形成的原理基本上是相同的。

"后羿射日"，天空有十日，也许只是日晕现象。

6.6　充满诗意的彩虹

自然界中的彩虹多见于夏天，一场大雨之后，太阳重新露出了笑脸，空气湿润而清新。就在这个时候，一道横跨半个天空的彩虹出现了，红、橙、黄、绿、青、蓝、紫，为雨后的天空增添了异彩。有时，在彩虹的旁边，还伴随着一道相似的彩桥，七彩的排列顺序正好与彩虹相反，这就是所谓的霓。虹和霓，就像一对孪生的姐妹，她们相依相伴，结伴在空中嬉戏。孩子们喜欢它们，诗人们讴歌它们，人们把它们当作吉祥的预兆、幸福的象征。

图6.6.1　虹与霓

虹和霓也是大自然中的一种光学现象。大雨之后，天空如洗，这个时候天空中残留的小水滴是很多的。这些小水滴的个头差不多大，直径在1毫米左右，它们安静地悬浮在空中。由于水的表面张力和地球引力的共同作用，这些小水滴的形状像一个个小的椭球。这些小水滴密密麻麻地悬浮在空中，给彩虹的形成准备好了条件，就等着太阳光的光临了。

在介绍太阳光进入小水滴中会发生些什么之前，有必要再回顾一点点光学知识。好在，这些知识在前面讲海市蜃楼的时候已经做过比较详细的介绍，在这里只是做一个简单提示。首先是光的折射现象，即光从一种介质进入另外一种介质的时候，传播的方向会发生变化。在彩虹形成问题中，空气是一种介质，水是另外一种介质。其次是光的全反射现象，即在光从折射率大的介质中射向折射率较小的介质的时候，如果入射的角度超过了某个值，光将在两种介质的交界面上被反射回来。

回顾了这两点之后，我们就可以看看太阳光进入小水滴之后发生了些什么。我们可以想象自己的目光跟着一条光线走过去，这条光线从空气中进入小水滴中的时候，很自然地发生了折射现象，传播方向向法线方向靠近了几分；然后这根光线很快就到达了小水滴另一侧的与外界空气接触的交界面，很庆幸的是入射角很合适，它能在这里发生全反射，于是它遵循着反射规律，改变了一下方向之后依然还在水滴里；不过很快它又遇到了交界面，很遗憾这一次它的入射角不够大，于是只好从水滴里面走了出来回到了空气中。但是，跟原来的入射方向相比，它已经兜了一个大圈子，射向了地面。太阳光是平行光，

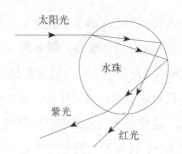

太阳光

水珠

紫光

红光

图6.6.2　太阳光在小水滴内的折射和全反射

里面有着无数条这样平行的光线，而空气中又存在着无数的以相同的方式悬浮着的小水滴，于是这些光线与这些小水滴之间就发生了上面描述的事情。

那么，是不是太阳光无论从哪个角度进入小水滴都可以形成彩虹呢？答案当然是否定的。其实，我们很容易理解，光线入射的角度不同，最后离开水滴出来的角度也就不同，即出射光线的方向取决于入射光线的入射角度。科学家的实验研究表明，只有从某一个角度入射的光，出射光才是最强的。如果我们迎着最强的出射光看过去，就会发现此时的小水滴特别明亮，于是科学家们就把这个特殊的方向称为小水滴的闪耀方向，而这个方向就是我们能够看到彩虹的方向。

小水滴的闪耀方向与入射光线的夹角大约是40°。相对于这个方向，从其它方向进入我们眼睛的光太弱了，所以我们就只能够看到位于闪耀方向上的光。位于闪耀方向上的小水滴正好在一条圆弧带上，于是，在我们眼睛中，一条闪闪发亮的光带就出现了。这也是为什么只能在40°的方向上看到虹的原因。

　　虹为何又是五颜六色的呢？这里面的原因有两个，一个是太阳光本身是复合光，白色的太阳光其实包含了红、橙、黄、绿、青、蓝、紫这七种单色光；二是不同颜色的单色光在物质中的折射率并不完全相同，因为折射率不同，它们在发生折射的时候偏折程度就不一样，于是就会出现不同色光分道扬镳的景象。如此一来，导致不同颜色的光的闪耀方向不同，其中红光的大约在42°，紫光的在40°左右，其它的色光则夹在两者之间。也就是说，白色的太阳光经过小水滴的折射与全反射之后，展开成了一道七彩的彩色光带。

　　搞清楚了彩虹是怎么回事，那么霓又是怎么出现的呢？当然，霓的形成还是离不开那些小水滴。我们前面提到在虹的形成过程中光从空气进入小水滴中之后，首先发生了折射，接着发生了全反射，然后又发生了折射就出来了。但是，由于入射角度的不同，有些小水滴里面的光线在发生了一次全反射之后，很快在另一处接触面上又发生了一次全反射，再然后才从水滴中返回到空气里，这样就形成了霓。

　　由于霓的形成过程中发生了两次全反射，光的强度不可避免地出现了损失，所以我们看到的光会显得淡一些。另外，科学家的实验表明，经过两次全反射之后，红光的闪耀方向变成了大约50°，而紫光的则变成了大约53°，不仅比之前发生虹的时候大了差不多10°，而且大小的关系也反了：之前是红光大、紫光小，现在变成了红光小、紫光大。所以，最后形成的霓不仅在虹的外侧，而且彩带的颜色顺序也与虹相反。

　　我们再来说说最后一个问题：是不是所有的人看到的彩虹

都是一座拱桥模样的呢？事实上，虹还真不是半圆弧状的，它的的确确就是一个完整的圆圈，只是我们人站在地面上的时候，虹的另外一半被地平线淹没了，那里的光线进入不了人的眼睛，我们自然也就看不到了。飞在空中的飞行员们是有机会看到完整的彩虹的，完整的彩虹就是一个封闭的彩色光环。峨眉山上著名的峨眉宝光，大约就是这种彩色光环。如果这个彩色的虹圈以云层为背景的话，还可以把飞机的影子映在云层上。飞机的黑影，被一个七彩的彩色光圈环绕着，确实是一种神奇的景象。

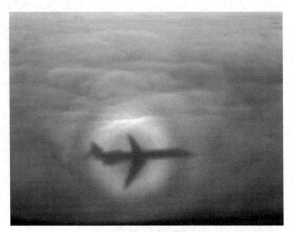

图6.6.3　飞行员可能看到类似峨眉宝光的景象

6.7　日月食奇观

"天狗吞日""蛤蟆吞月"是人们在科学不发达的年代为了解释日食和月食而杜撰出来的说法。四千多年之前的一部名为《书经》的典籍上，就有关于日食的记载了。发生日食时，

图6.7.1　日全食

古人发现天空中的太阳莫名其妙地开始慢慢出现了亏损，就像被什么东西慢慢地吞了下去似的。明亮的白天，随即变得昏暗起来，人心惶惶，不知道太阳会不会从此消失。好在人们一番敲锣打鼓吓跑吞日的东西之后，太阳又回来了。于是，人们便大胆地想象，天上有只坏到了极点的狗，时不时地就想把太阳给吞掉。

　　当然，今天的我们不会再相信这个说法了。

　　我们都知道，地球和月亮本身都不发光，所以它们在太阳光照射下，都会有一个影子拖在后面。物体的影子一般由两部分组成：影子最黑的部分，称为本影；本影周围淡的影子，称为半影。

　　日食，又称日蚀。月亮运动到太阳和地球中间时，如果三者正好处在一条直线上，月亮就会挡住太阳射向地球的光，月亮身后的黑影正好落到地球上，如果这个时候我们又正好处在

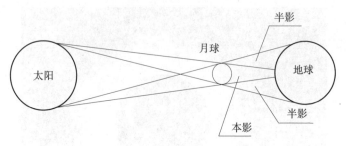

图6.7.2　日食原理图

这个影子区域里的话，就可以欣赏到日食景观了。这个时候如果我们正好处在本影之中，那看到的就是日全食，太阳会被完全挡住；如果我们处的位置是半影区域，那就可以看到一部分太阳，看到的日食就是日偏食。无论是日全食还是日偏食，都是月亮运行到轨道的近地点时发生的事情。

除了这两种日食景观之外，其实还有一种更为奇妙的日环食。日环食发生的时候，月亮位于轨道的远地点，这个时候落到地球上的不是月亮的本影，而是伪本影（本影延长线区域），处在伪本影区域里的人可以看到日环食。另外，在某些特殊情形下，还可以看到一些十分有意思的日食景观。月球表面有许多高山，即月球边缘是不整齐的，如果月球边缘的山谷未能完全遮住太阳，未遮住部分会形成一个发光区，像一颗晶莹的"钻石"，而周围淡红色的光圈构成钻戒的"指环"，整体看来，很像一枚镶嵌着璀璨宝石的钻戒，叫"钻石环"。同样的原因，有的时候会形成许多明亮的光点，好像在太阳周围镶嵌了一串珍珠，称作"贝利珠"（贝利是法国天文学家，这种日食景观是他首先关注到并向世人指明的）。

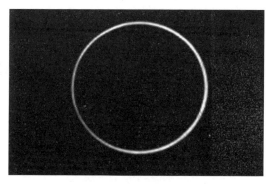

图6.7.3　日环食

　　月食是月球被地球的阴影遮蔽的现象。发生月食时太阳、地球、月球恰好（或几乎）在同一条直线上。地球在背着太阳的方向上会出现一条阴影，称为地影。地影分为本影和半影两部分。月球在环绕地球运行过程中有时会进入地影，这时就会产生月食现象。当月球整个都进入本影时，就会发生月全食；如果只是一部分进入本影，则只会发生月偏食。并不会出现月环食，因为月球的体积比地球小太多。每年发生的月食数一般为两次，最多发生三次，有时一次也不发生，因为在一般情况下，月亮不是从地球本影的上方通过就是从下方通过，很少穿过或部分穿过地球本影，所以一般情况下不会发生月食。

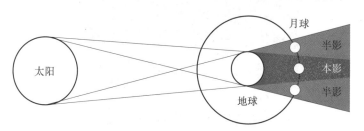

图6.7.4　月食原理图

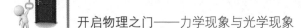

日食、月食是光沿直线传播特性的典型例证。一年之中，日、月食的次数并不多，最多的年头也只有七次，最少的时候只有两次，而这两次只能是日食。最多时的七次，或者是日食五次、月食两次，或者是日食四次、月食三次。虽然日食和月食也不算太稀罕，但是因为地球的范围很大，而影子的区域却很有限，所以发生这些景观的时候能看到的只是一小部分人。就拿日全食来说，平均每个地区要360年才会出现一次，所以一个人一生如果能亲眼看到一次的话，就算眼福不浅了。

6.8 轻罗小扇扑流萤

轻罗小扇扑流萤，这是唐代诗人杜牧的《秋夕》诗中的句子，字面的意思，是描绘一位宫女用手中的轻罗小扇扑打萤火虫的场面。夏日的夜晚，相互嬉戏着追赶萤火虫，对于生活在农村的孩子来说不是什么稀罕的事。

萤火虫又名夜光、景天、如熠耀、夜照、流萤、宵烛、耀夜等，属鞘翅目萤科，是一种小型甲虫，因其尾部能发出萤光，故名为萤火虫。

图6.8.1　萤火虫

　　萤火虫之所以能够发光，是因为它的身体上有一个特殊的器官，叫作发光器。萤火虫的发光器是由发光细胞、反射层细胞、神经与表皮等组成的。如果将发光器比喻成汽车的车灯，发光细胞就像车灯的灯泡，而反射层细胞就像车灯的灯罩，会将发光细胞所发出的光集中反射出去，所以虽然萤火虫发出的光很弱，在黑暗中却让人觉得相当明亮。萤火虫的发光器发光起始于传至发光细胞的神经冲动，这种神经冲动使得发光细胞内原本处于抑制状态的荧光素被解除抑制。随后发生的反应所产生的大部分能量都用来发光，只有2% ~ 10%的能量转为热能，所以萤火虫发出的光是"冷光"。

　　在萤火虫的发光器中有几千个发光细胞，每一个细胞都含有大量的荧光素（萤火虫中的荧光素称为萤火虫荧光）和荧光素酶这两种物质。当荧光素在细胞里和氧化合的时候，荧光素酶起催化作用，生成氧化荧光素并放出光子。荧光素被氧化后，就失去了作用，但是它们在萤火虫体内的一种叫作三磷酸腺苷的物质作用下又会被还原回来，然后再度被氧化而发光，这也导致萤火虫的发光看起来是一闪一闪的。

　　有一位生物学家威廉·麦凯利将数千个萤火虫的发光器取了下来，然后从中提取出荧光素和荧光素酶放到水中，结果非常顺利地看到发光现象。但是，光很快就暗了下去。随后，麦凯利将从兔子肌肉中获得的三磷酸腺苷滴到了水中，结果之前黯淡下去的光再次明亮起来。这个实验充分说明萤火虫的发光确实是一种"氧化－还原－再氧化－再还原"的化学过程。

其实，还有很多的动物也能发出类似的冷光，比如一些深海的鱼类以及一些甲壳类动物、软体动物，甚至一些细菌（细菌属于微生物）也有发出冷光的能力。当发光的微生物寄生在腐肉、烂木头或者烂树叶上的时候，这些东西在夜间会闪闪发亮。

七、人造光现象及早期的光学研究

光是大自然恩赐给人类的礼物，大自然利用光为人类营造了无数的景象奇观；与此同时，人类自己也将自身的智慧发挥到了淋漓尽致的地步，创造出了更加绚丽的人造光。在我们的生活中，到处都有人造光现象带来的视觉冲击和视觉享受，下面，我们摘取其中的一二，与诸君分享！

7.1　人造荧光

荧光，又作"萤光"，主要是指一种光致发光的冷发光现象。所谓光致发光，就是先用光去照射某种物质，这种物质吸收了照射它的光之后，又会放出新的光来，这新放出来的光一般就是荧光（在有些特殊的情况下，某些物质发出荧光并不需要接受其它光的照射，而是通过其它方式如化学反应、加热甚至敲打、摩擦获得能量，只不过这样的物质在诸多荧光物质中不占主流罢了，比如前面6.8节提到的萤火虫荧光素）。大多数情况下，出射光波长与入射光波长相比较长，能量较低，这也是为何荧光被归入"冷光"范畴的缘故。

常见的荧光灯即日光灯就是一个光致发光的例子，其灯管内部被抽成真空再注入少量的水银蒸气，灯管电极的放电使水银蒸气发出紫外波段的光，不过这些紫外光是不可见的，并且对人体有害；灯管内壁覆盖了一层荧光物质，它可以吸收紫外光并发出可见光。可以发出白光的发光二极管（LED）大多也是基于类似的原理：由半导体发出的光是蓝色的，这些蓝光可以激发附着在反射极上的荧光物质，使它发出黄色的荧光，两种颜色的光混合起来就近似地形成了白光（关于 LED 将在后面的 7.2 节专门介绍）。

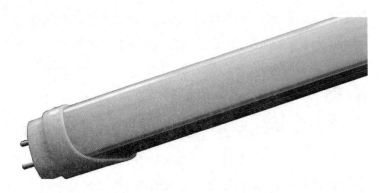

图7.1.1　日光灯管

荧光笔的墨水中含有荧光剂，遇到紫外线（太阳光、日光灯光中的紫外线较多）时会发出白光，从而使颜色看起来有刺眼的荧光感觉。

荧光棒又称"人造荧光虫"，多为条状，外层为聚乙烯塑料，内置一玻璃管夹层，夹层内外的液体分别为过氧化物以及酯类化合物和荧光染料。经弯折、击打、揉搓等使玻璃破裂，过氧化物与酯类化合物发生反应，使荧光染料发光。发光原理类似于萤火虫。

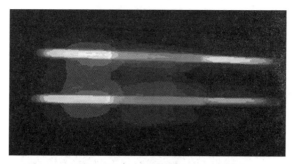

图7.1.2 荧光棒

严格地说，光致冷发光现象包括荧光和磷光两种。入射光停止后，荧光物质的发光现象立即消失，而磷光物质的发光现象仍能持续较长时间（如夜明珠可在黑暗中发光）。

7.2 发光二极管（LED）

2016年7月19日，北京市大兴区的《大兴报》上有一篇标题为《浪漫灯光嘉年华扮靓"月季小镇"》的新闻报道。报道中写道："7月15日，2016国际浪漫灯光嘉年华在魏善庄镇绿源艺景都市农业园举行开幕仪式，精彩的文化演出和绚丽的灯光秀为新区百姓奉上了一份'丰盛'的视觉盛宴。"

2016年7月23日的夜晚，笔者带着孩子随朋友一起来到了绿源艺景都市农业园，亲眼目睹了其中种种用灯光构建出来的景象。首先映入眼帘的是由七种颜色LED小灯泡组成的彩虹桥时光隧道，置身其中犹如进入了一个流光溢彩的世界。时光隧道的旁边，白天还普普通通的草地和池塘已经被打扮成了一幅温馨浪漫的灯光画卷：一只只翻飞的七彩蝴蝶，一条条可爱的海豚，池塘中的那一艘灯光帆船……"太漂亮了。我感

图7.2.1　灯光嘉年华的灯光景象

觉这里的灯很美丽，我喜欢那个水晶鞋，我喜欢这个大帆船，我什么都喜欢！"前来观赏的小朋友看到梦幻般的灯光秀非常激动。

与以往大家印象中的灯展不同，这次梦幻灯光秀几乎全部是用小的LED灯泡来营造一个大的景观氛围，观赏起来似真似幻，让人流连忘返。大家纷纷拿出手机和相机，记录下这难忘的一刻。

所谓的LED（Light Emitting Diode）就是发光二极管。它的基本结构是一块电致发光的半导体材料，置于一个有引线的架子上，然后四周用环氧树脂密封，起到保护内部芯线的作用，所以LED的抗震性能好。

大约在五六十年之前，人们在研究半导体材料的时候，惊奇地发现原来半导体材料也是可以用来发光的。于是，便有科学家开始致力于研究半导体发光问题。

　　说起发光二极管的发光原理，首先要做一点关于半导体材料的介绍。根据导电的载流子的不同，半导体材料分为 P 型半导体材料和 N 型半导体材料两种，当这两种半导体放在一起的时候，它们的交界区域就是所谓的 PN 结。在某些半导体材料的 PN 结中，注入的少数载流子与多数载流子复合时会把多余的能量以光的形式释放出来，从而把电能直接转换为光能。但是，当 PN 结加上反向电压的时候，少数载流子就会出现难以注入的情况，这个时候半导体材料就不发光。这种利用注入式电致发光原理制作的二极管就是发光二极管。当它处于正向工作状态（即两端加上正向电压）时，电流从阳极流向阴极，半导体晶体就发出从紫外到红外不同颜色的光，光的强弱与电流大小存在着直接的关系。

　　人类制造的第一个发光二极管发出来的是红色的光，后来经过近 30 年的发展，现在 LED 已能发出红、橙、黄、绿、蓝等

图 7.2.2　发出不同颜色光的发光二极管

多种色光。而真正能够用来照明的白光 LED 却诞生得最晚，直到1998年发白光的 LED 才研发成功。白光 LED 研发成功最晚，与色光的原理有关系。众所周知，可见光的波长范围为 380～760 纳米，包括人眼可感受到的红、橙、黄、绿、青、蓝、紫7种颜色的光（这个问题在后面的7.4节"光的色散实验"中还要具体介绍），这7种颜色的光都是单色光。例如，LED 发的红光的峰值波长为565纳米。白光不是单色光，而是由多种单色光合成的复合光，如太阳光是由上述7种单色光合成的白光，而彩色电视机发出的白光也是由三基色红、绿、蓝3种颜色的单色光合成的（关于三基色的问题本书后面的9.2节有专门介绍）。人的眼睛所能看到的白光不一定要像太阳光那样由7种单色光合成，而只需要2种或者3种单色光进行混合就可以得到。其中2种单色光混合主要是指蓝色光和黄色光混合，而3种单色光混合则指蓝色光、绿色光和红色光混合（如上述彩色电视机发出的白光）。在这两种混合模式中，都需要蓝色光，所以获得蓝色光也就成了制造白光 LED 的关键。

回顾 LED 的发展历程，蓝色发光二极管的发明在发光二极管的发展史上确实具有里程碑的意义。在红色与绿色发光二极管已经出现超过半个世纪的时候，蓝色发光二极管才姗姗来迟。2014年，诺贝尔物理学奖授予3位日本物理学家：赤崎勇、天野浩、中村修二。而授予的原因，就是为了表彰他们发明了高效的蓝色发光二极管，让明亮节能的白色光源成为可能。

蓝色发光二极管是氮化镓二极管，是由含镓（Ga）、砷

图7.2.3 赤崎勇（左）、天野浩（中）、中村修二（右）

（As）、磷（P）、氮（N）等的化合物制成的二极管。

20世纪80年代，在日本名古屋大学工作的赤崎勇和天野浩选择氮化镓材料，向蓝色发光二极管这个世界难题发起挑战。1986年，两人首次制成高质量的氮化镓晶体；1989年首次研发成功蓝色发光二极管。

从1988年起，当时在日亚化学公司工作的中村修二也开始研发蓝色发光二极管。与前两位日本同行一样，他选择的也是氮化镓材料，但在技术路线上并不相同。20世纪90年代初，中村修二也研制出了蓝色发光二极管。与名古屋大学团队相比，他发明的技术更简单，成本也更低。

至此，将发光二极管用于照明的最大技术障碍被扫除，开创"人类历史上第四代照明"的LED灯随后出现。目前市场上主流的白光LED商品是以蓝光LED搭配黄光荧光粉，如前面的7.1节所述。

7.3 霓虹灯

霓虹灯是城市的美容师。每当夜幕降临时，华灯初上，五

图7.3.1　霓虹灯图案

颜六色的霓虹灯把城市装扮得格外美丽。那么，这种灯为什么叫霓虹灯呢？它的出现又有着怎样的故事呢？

　　要知道霓虹灯为何叫这个名字，需要弄清楚"霓"和"虹"这两个东西到底是什么。先说"虹"，就是彩虹，一种神奇的光学自然现象，前面的6.6节有详细的介绍，七彩的色序从外至内分别为：红、橙、黄、绿、青、蓝、紫。"霓"与"虹"有着密切的联系，有时在虹的外侧能看到第二道虹，光彩比第一道虹稍淡，色序是外紫内红，与虹相反，这就是所谓的"霓"。无论是"虹"还是"霓"，都有一个共性，就是多彩。这个特点正好与那些夜间用来吸引顾客或装饰夜景的彩灯相似，于是人们就将这些彩灯叫作霓虹灯。

　　当然，关于霓虹灯名称的来源还有一个说法。霓虹灯，本来应该叫作"氖灯"，"氖"的英文是"NEON"，"霓虹"两字实际上是其音译（下面介绍霓虹灯的发展历史时再详说）。或许这个说法也是对的，但是相对于前面的那种说法，似乎少了一点浪漫。

人类的历史上，很多的发明创造都不是某个科学家脑袋一热的产物，它们的出现都是有着一定的历史渊源的，是积淀了无数人的智慧的最终产物。霓虹灯的发展可以追溯到英国物理学家和化学家法拉第对气体放电的研究。法拉第是一位著名的科学家，他的成就涉及物理、化学等领域，高中物理讲到的电磁感应现象就是法拉第发现的。

法拉第在研究气体放电的时候，发现电流通过含有少量正负离子的气体时，这些气体都会发出一些光来，这种现象就是所谓的辉光放电。不仅如此，法拉第还发现电流通过气体发出的光的颜色是各不相同的，当然颜色主要与气体的成分有关，不同的气体通过电流的时候发出不同颜色的光。法拉第的研究为霓虹灯的发展奠定了坚实的基础。

图7.3.2　法拉第

最具雏形的霓虹灯首先出现在法国。这些霓虹灯的主体是一些直径为45毫米的玻璃管，这些玻璃管被根据需要制作成文字或图案的形状，然后再用一只电压为1万多伏的变压器将电压加在其两端，而使之发光。这个时候的霓虹灯，灯管两端的电极是用石墨制成的，内部充入的是氮气或二氧化碳气体，前者发出的光是红色的，后者发出的光则是白色的。但是，由于这两种气体比较容易和石墨电极发生化学反应，使得阴极溅散出的石墨很快在玻璃管内壁形成黑色薄膜层，同时反应更是大量消耗充入灯管内的气体，使灯管的充气压力下降太快，自然也就大大缩短了这种霓虹灯的寿命。为了解决这个问题，当时的人们专门在这种霓虹灯管上加了一个特殊的电磁阀门，在霓虹灯使用一段时间后通过这个阀门向灯内重新补充一定量的气体，从而实现延长霓虹灯使用寿命的目的，但这只是一种治标不治本的方法，没有能够从根本上解决上述的缺陷。这种灯除了寿命短、制作工艺复杂的不足之外，还有造价昂贵不适宜普及的不足，所以很快就被人们所抛弃。

那么，现在比较流行的五颜六色的霓虹灯又是怎样被发明出来的呢？据说，这与英国化学家拉姆赛在一次实验中的偶然发现有关。那是1898年6月的一个夜晚，拉姆赛和他的助手正在实验室里进行实验，目的是检查一种稀有气体是否导电。

拉姆赛把一种稀有气体注射到真空玻璃管里，然后把封闭在真空玻璃管中的两个金属电极连接到了高压电源上，随后他便开始聚精会神地观察起实验现象来。

一个意外而令人惊奇的现象出现了：注入真空管的稀有气体不但开始导电，而且还发出了极其美丽的红光。这种神奇的红光使拉姆赛和他的助手惊喜不已，而正是这一刻，霓虹灯世界的大门被无意间正式打开了。拉姆赛把这种能够导电并且发出红光的稀有气体命名为氖（NEON）。后来，他继续对其它一些气体导电和发出有色光的特性进行实验，相继发现了氙气能发出白光，氩气能发出蓝光，氦气能发出黄光，氪气能发出深蓝色的光……不同的气体能发出不同的色光，五颜六色，犹如天空美丽的彩虹，霓虹灯从此降临人间。

现代的霓虹灯更加精致，有的将玻璃管弯成各种各样的形状，制成更加动人的图形；有的在灯管内壁涂上荧光粉，使颜色更加明亮多彩；有的装上了自动点火器，使各种颜色的光次第明灭，交相辉映。

霓虹灯自问世以来，历经百年而不衰。它是一种特殊的低气压冷阴极辉光放电发光的电光源，不同于荧光灯、高压钠灯、金属卤化物灯、水银灯、白炽灯等弧光灯。也就是说，霓虹灯是靠充入玻璃管内的低压惰性气体，在高压电场下冷阴极辉光放电而发光。

所以，从工作原理上看，霓虹灯与 LED 灯是很不一样的。不过，它们的出现都给人类带来了无与伦比的视觉享受。

7.4　光的色散实验

色散是一个古老的话题，最引人注目的色散现象是彩虹。早在 13 世纪，科学家就对彩虹的成因进行了探讨。德国有一位传教士叫西奥多里克，曾用实验模拟出了天上的彩虹。他让阳光照射装满水的大玻璃球壳，观察到了和空中的彩虹一样的彩虹。不过，他并没有能够解释清楚这种现象形成的根本原因。

　　笛卡儿对彩虹现象也有兴趣，他设计了实验来检验西奥多里克的论述。他用三棱镜将阳光折射后投在屏上，发现彩色的产生并不是由于光进入媒质深浅不同造成的，因为不论光照在棱镜的哪一部位，折射后屏上的图像都是一样的。遗憾的是，笛卡儿的屏离棱镜太近（只有几厘米），所以他没有看到色散后的整个光谱，只看到光带的两侧分别呈现蓝色和红色。

　　1648年，布拉格的马尔西用三棱镜演示色散成功。不过他解释错了，他认为红色是浓缩了的光，蓝色是稀释了的光。

　　17世纪，望远镜和显微镜纷纷问世，伽利略运用望远镜观察天体星辰，列文虎克用显微镜观察微小物体。然而，当放大倍数增大时，这些仪器不可避免地都会出现像差和色差，这些现象使人们深感迷惑：为什么图像的边缘总会出现颜色？这和彩虹有没有共同之处？这类现象有什么规律性？怎样才能改善图像质量？

　　17世纪60年代，牛顿正在英国剑桥大学学习。在他的老

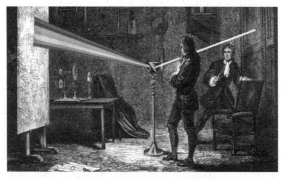

图7.4.1　牛顿在做光的色散实验

师中，巴罗教授对光学很有研究。因为巴罗教授，牛顿开始喜欢光学实验，还亲自动手磨制透镜，想按自己的设计装配出没有色差的显微镜和望远镜。正是这个愿望，激励牛顿开始对光和颜色的本质做深入的研究。

　　牛顿从笛卡儿的棱镜实验得到启发，又借鉴了胡克和波义尔的分光实验。胡克用一只充满水的烧瓶代替棱镜，像屏距折射位置大约60厘米，波义尔把棱镜散射的光投到1米多高的天花板上；牛顿则将距离扩展为6~7米，从室外经洞口进入的阳光经过三棱镜后直接投射到对面的墙上，这样他就获得了展开的光谱。

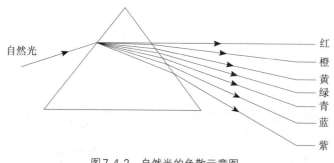

图7.4.2　自然光的色散示意图

　　为了证明色散现象不是由于棱镜跟阳光的相互作用，而是由于不同颜色的光具有不同的折射性，牛顿又进行了进一步的实验。

　　牛顿的光学研究成果集中反映在1704年出版的《光学》一书中。该书的副标题是《关于光的反射、折射、拐折和颜色的论文》。牛顿在该书开始说："我的计划不是用假设来解释光的性质，而是用推理和实验来提出并证明这些性质。"牛顿有

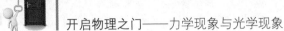

一句名言："我不杜撰假说（hypotheses non fingo）。"他的光学研究正是从实验和观察出发，进行归纳综合，总结出一套完整的科学理论。牛顿对色散的研究为后人树立了光辉的榜样。

7.5　小孔成像

大约两千四五百年以前，我国的学者墨翟（墨子）和他的学生做了世界上第一个小孔成倒像的实验，并解释了小孔成倒像的原因，指出了光的直线传播的性质。在一间黑暗的小屋朝阳的墙上开一个小孔，人对着小孔站在屋外，屋里相对的墙上就出现了一个倒立的人影。为什么会有这种奇怪的现象呢？墨家解释说，光穿过小孔如射箭一样，是直线行进的，人的头部遮住了上面的光，成影在下边，人的足部遮住了下面的光，成影在上边，就形成了倒立的影。这是对光直线传播的第一次科学解释。

图7.5.1　古人做的小孔成像实验

14世纪中叶，我国宋末的天文学家、数学家赵友钦在他所著的《革象新书》中进一步详细地描述了日光通过墙上孔隙所形成的像与孔隙之间的关系。他发现当孔隙相当小的时候，尽管孔隙的形状不是圆形的，所得的像却都是圆形的（这个像其实是太阳的像，就像我们在树荫下观察地面时，看不到片片树叶的影子，却可以看到圆形的亮斑，这些亮斑会随着树叶的晃动时隐时现，而这些圆形的亮斑其实就是太阳的像）；孔的大小不同，但是像的大小相等，只是浓淡不同；如果把像屏移近小孔，所得的像变小，亮度增加。

为了证实上述结论，赵友钦又进一步设计了一个比较完备的实验（从这一点上来看，这位赵前辈已经具备了一位专业的物理学家应该具备的科学研究精神和科学态度）。下面，我们就来看看这位前辈所设计和进行的实验。

赵友钦在楼房一层的地面上挖了两个直径四尺多的深坑，右边的深四尺，左边的深八尺，左边的深坑里可以根据需要放置一张四尺高的桌子，用以调节实验过程中光源的高度。坑上面有盖子，盖子的中间挖了小孔，为了便于对比，两个盖子上面的孔大小是不一样的。

赵友钦用两块直径约为四尺的圆板分别放在两个深坑内，板上各密插一千多支蜡烛作为光源。一层楼房的房顶楼板就充当了像屏的角色。不得不说，赵友钦的这个设计是非常巧妙和合理的，既保证了光源的稳定性，又做到了实验过程中光源亮度和位置的可调节。

赵友钦的实验是分为5个步骤来完成的。

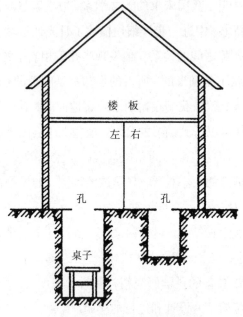

图7.5.2 赵友钦的实验示意图

　　首先,保持光源、小孔和像屏的距离不变,此时两个坑上盖子中间的小孔尺寸是不一样的,左边的是一寸宽方孔,右边的则是一寸半宽的。实验的时候,左边深坑内的蜡烛圆板放在桌子上,以此来保证两个坑中光源与孔的距离一样。两个坑中的蜡烛全都点燃。赵友钦发现,此时看到的两个像大小几乎一样,但像的浓淡有着明显的不同。

　　接着,第二步就是改变光源,这里其实相当于完成了两个步骤的实验。赵友钦先将右边深坑里的蜡烛灭掉了一半,而且是靠近一边的一半,结果发现右边小孔成的像也变成了一半的形状,不再是之前的圆形而变成了半圆形,与此时点燃的蜡烛组成的形状一致。然后，赵友钦又将左边的大部分蜡烛灭掉，只剩下20多根还点燃着，但它们仍组成一个圆形，在这种情况下，赵友钦发现看到的像还是圆形的，只是已经很淡；当只剩下一根蜡烛的时候，赵友钦看到的才是一个与盖子上的孔形状一样的方形光斑；把所有的蜡烛重新点着，左边的像又恢复圆形。

随后，赵友钦又将两块大板子平行于地面挂在了楼顶上，这就减小了像距。这个时候，看到的像小而明亮。这说明，射到像屏上的光量是一定的，像大的时候就淡一些，小的时候就浓一些。

最后，赵友钦又去掉上面所说的吊着的两块板，仍以楼板作为像屏，撤去左井里的桌子，把蜡烛放到井底，这时左井的光源离方孔远，左边的楼板上出现的像变小，而且由于距离增加后烛光弱，像的亮度也变弱。

从这些实验结果，赵友钦归纳得出了小孔成像的规律，指出像屏近孔的时候像小，远孔的时候像大；烛距孔远的时候像小，近孔的时候像大；像小就亮，像大就暗；烛虽近孔但是光弱，像也就暗；烛虽远孔但是光强，像也就亮。

在做完了小孔成像实验之后，赵友钦又做了进一步的拓展。他撤去覆盖井面的两块板，另在楼板下各挂直径一尺多的圆板，右板中间挖出一个宽达四寸的方孔，左板则挖出边长都为五寸的三角形孔，调节板的高低，就是改变光源、孔、像屏之间的距离。这时仰视楼板上的像，左边是三角形，右边是方形。这说明孔大的时候所成的像与孔的形状相同。

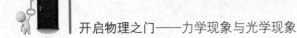

　　读到这里，我们不免要产生一个疑问：为什么小孔可以成光源的像，而大孔就不行呢？

　　当孔比较小的时候，物的不同部分发出的光线会到达屏幕的不同部分，而不会在屏幕上相互重叠，所以屏幕上的像就会比较清晰。当孔比较大的时候，物的不同部分发出的光线会在屏幕上重叠，屏幕上的像自然就不清晰了。我们在面对物的一张白纸上之所以看不到物的像，不是因为白纸上没有来自于物的光线，而是因为来自于物的不同部分的光线在白纸上重叠了。当然孔的大小是相对于物的大小来说的，如果物很大，那么即使孔也比较大，也还是可以成像的，只是孔越小，成的像的分辨率越高。不过，如果孔太小，通过的光线就会少，像的亮度会降低；而且孔太小还会发生衍射等效应，这也会对成像有影响。所以，小孔成像的小孔大小也是有讲究的，它反映的只是光的直线传播规律。

八、光的种种应用

人类的智慧，不仅体现在能制造出种种有意思的光现象，更体现在能让光为生产和生活服务。人类将光巧妙地运用到生产和生活的各个方面是有着悠久的历史的。

8.1 镜子史话

镜子，是我们日常不可缺少的一件生活用品，而对于爱美的女孩子来说，那更是必不可少的化妆工具——谁的手提包里没有一个小小的镜子啊！事实上，人类利用镜子是有着悠久历史的。

远古时代，先民们以水面为镜，在平静的水面上观看自己的倒影，梳妆打扮。水镜的面积虽大，但多模糊不清，且经不起半点风浪的干扰。后来，先民们在打制石器工具时，发现一种石头经过打制、修理、磨光后可以照出影像，于是有了最早的石镜。陶器出现后，先民们又用陶器盛满水作为镜子，从而出现了可以移动的水镜，古人称之为"瓦鉴"。再后来，则改用铜器盛水为镜。当铜器打磨得非常光滑时，即使没有水也能够当镜子用，这就是后来出现的铜镜。

图8.1.1 平静的水面

古人往往认为铜镜的制造和使用开始于传说中的黄帝时代，虽然这只能算一种传说，却也充分反映了我国铜镜历史的久远。考古发掘表明，我国最早的铜镜应该是出土于甘肃广河齐家坪墓和青海贵南县尕马台25号墓的两面铜镜，它们大约是原始公社解体时期的新石器时代的东西，距今约四千年。因此，我国铜镜的发明一定远在有文字记载之前。

后来，我国古代制作铜镜的技术，通过丝绸之路传到了西方一些国家，并在原来的基础上得到了很好的发展。如公元三百多年前，古罗马人已经能够制造出各种各样的金属镜，其中照影反射效果最好的是银制的镜子。到了中世纪，能够随身携带的手镜已相当普及，不但有各式各样的小圆形金属铸镜，还出现雕刻相当精美、装嵌在金属或象牙盒中，便于贵妇人出门携带的小盒镜，当时在上流社会妇女中很流行。

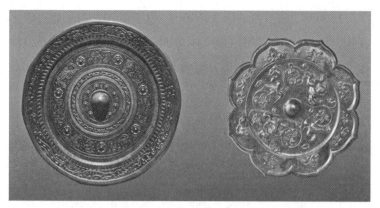

图8.1.2　造型别致的铜镜背面

世界上第一块玻璃镜大约出现于三百多年前的意大利。聪明的威尼斯人在玻璃上贴上一层锡箔，然后倒上水银，使锡溶解成"锡汞剂"，这种"锡汞剂"便牢牢地粘在玻璃上而制成了镜子。这种工艺给制镜业带来了一次大的革命，这其中还有一个十分有趣的故事。

图8.1.3　造型漂亮的玻璃镜子

1600年，法兰西的国王结婚时，欧洲各国都向王后进献了礼物，其中以威尼斯国王送的礼物最受新娘的喜爱。这是一件什么样的礼物呢？原来是一面书本大的玻璃镜子，但价值却高达15万金法郎。

一面现在看来很普通的镜子居然如此昂贵，并非因为它有什么神奇的功能，只是物以稀为贵的缘故。这种玻璃镜子的发明者是达尔卡罗兄弟，他们出生在威尼斯的一个小岛上，岛上的居民几乎都是优秀的玻璃工匠，他们制造出的玻璃制品风靡欧洲市场，为威尼斯换回了很多的财富。因为这个缘故，威尼斯政府派重兵把守该岛，不允许任何人进出，以免制造玻璃制品的工艺泄露出去。达尔卡罗兄弟的父辈们都是岛上很出色的玻璃工匠，这使得兄弟俩从小就在制造玻璃制品方面受到了浓厚的熏陶。

长大之后，达尔卡罗兄弟先后成了正式的玻璃工匠，由于他们天生的悟性，技术掌握得很快。为此，他们得到了父亲的夸奖。

"好什么啊！要是能够制造出更好的玻璃镜子，那才叫本事。"妹妹似乎很不服气地说。

原来，在当时的威尼斯，姑娘们梳妆打扮时用的都是一块透明的平面玻璃，照镜子的时候，玻璃后面的物品看得一清二楚，因此，效果很不理想。

妹妹的一句无意的话，使达尔卡罗兄弟有了奋斗目标。此后，他们反复琢磨池塘里的清水可以映出人影的原因。思考之后，他们终于发现：水塘是以黑暗的大地作为衬垫的，要是在玻璃的背后也加一层衬垫，就可能使它也具有很好的照影能力。

达尔卡罗兄弟试着将矿粉、木屑、面粉、铜等涂在玻璃上，结果效果并不理想。后来，他们又选用了熔点比较低的锡，将熔化的锡水倒在玻璃上，然后用一根细细的滚筒将锡水碾成均匀的薄薄的一层。等到锡冷却后，兄弟二人翻开玻璃一看，他们挂满汗水的通红的脸清晰地映在玻璃里。他们终于找到了合适的涂料。

不过，事情并没有到此为止，因为达尔卡罗兄弟发现，经过一段时间的使用后，这种玻璃镜子背面的锡箔会脱落下来。针对这一弊端，达尔卡罗兄弟进行了改进，他们先将玻璃制成锡箔镜，再把水银倒在锡箔镜上。这样，水银能够慢慢地溶解锡，形成一层薄薄的锡和水银的合金，这样制成的镜子反光能力更强，而且涂料也不容易脱落。

用水银（汞）镀制成玻璃镜，使得玻璃镜的制造成本大为降低，也使得玻璃镜逐渐成为人们的日常生活用品。1850年后，随着溴化银镀料的研制成功和广泛使用，以及造镜工艺的简化，玻璃镜生产业迅速扩大。后来，玻璃镜也在中国的市场上出现了。清同治年间，慈禧太后对玻璃镜就大感兴趣，她让人设计了一个半月形的镜面，梳妆打扮时，身体无须转动，发式、化妆、容颜、衣着穿戴一目了然。这面镜子，当时为中国一绝。

8.2　从日晷到皮影戏

"量天尺"本指古代的一种奇门兵器，而这里所说的"量天尺"却是一种古代建筑的别称。河南省登封县告成镇现存元代的一个观星台遗址，台高约9.5米，台下有一个长约31.2米南北向的"量天尺"，其实就是一个大型的日晷，是当时很先进的计时建筑。

图8.2.1　登封观星台遗址

日晷，本义是指太阳的影子。现代所说的"日晷"指的是古代人们利用日影测定时刻的一种计时仪器，又称"日规"。其原理是利用太阳的投影方向来测定并划分时刻，通常由晷针和晷面组成。

在世界各地，有各种各样的日晷，可以利用山顶的巨石作为日晷，也可以利用教堂顶楼作为日晷。世界上最大的日晷，要算古埃及的大金字塔了，多少年来，古埃及人就是通过观察金字塔影子的长短来计算时间的。

我国古代也用日晷计时，在北京故宫博物院的几个大殿里还保留着古代的日晷。它是一个直径30～60厘米的石刻圆盘，盘面朝南，与水平面成一个角度。盘子正中央直立着一根长针，盘的周围有许多刻度。当太阳光照在日晷上时，长针的影子就像现在钟表的指针一样指到相应的刻度处，从而反映出一天中时间的变化。

图8.2.2　日晷

除了日晷之外，光照射在物体上形成的影子的用处还有很多。利用影子可以测量距离或物体的高度，比如在月球上，最大的环形山的高度大约有7 000米，这个数据最初就是由著名的意大利物理学家伽利略借助影子而测得的。他测出了月亮环形山影子的长度，又知道了太阳相对于地球和月亮的位置，借助于几何上求解相似形的方法，计算出了环形山的高度。

在炎热的夏天，大树底下好乘凉，因为大树的影子可以遮荫。晚上，在灯光下，还可以用影子来做游戏：把你的手摆成各种各样的姿势，手在墙上的影子就会呈现出飞鸟、小狗、鸭子甚至人物等形象，非常有趣，皮影戏就是利用了这个道理。

图8.2.3　皮影戏

皮影戏，旧称"影子戏"或"灯影戏"，是一种用光照射兽皮或纸板做成的人物剪影以表演故事的民间戏剧。皮影戏从有文字记载至今已经有2 000多年的历史。汉武帝爱妃李夫人染疾故去了，武帝思念心切神情恍惚，终日不理朝政。大臣李少翁一日出门，路遇孩童手拿布娃娃玩耍，影子倒映于地栩栩如生。李少翁受到启发，用棉帛裁成李夫人的样子，涂上色彩，并在手脚处装上木杆。入夜围方帷，张灯烛，恭请皇帝端坐帐中观看李夫人的影像。武帝看罢龙颜大悦。这个载入《汉书》的爱情故事，被认为是皮影戏最早的渊源。

图8.2.4 皮影戏人物

2011年11月27日，总部位于巴黎的联合国教科文组织宣布，正在巴厘岛举行的保护非物质文化遗产政府间委员会第6届会议正式决定把中国皮影戏列入"人类非物质文化遗产代表作名录"。

8.3 手术室里的无影灯

电视剧中常常有这样的镜头：一个重伤员被紧急送进手术室，手术室里那个有着多个灯头的圆盘"唰"地亮起，于是一场紧张的救人行动开始了。

这个灯具组合圆盘就是手术室的必备装置——无影灯，它对于手术的顺利进行有着非常重要的作用。那么，这种"无影灯"是怎样被发明出来的呢？它的工作原理又是什么呢？这还需要从一个故事说起。

图8.3.1　无影灯

　　世界上的皇帝很多，他们的脾气也是各种各样。传说有这么一个皇帝，他特别讨厌自己的影子。于是，他在全国到处张贴皇榜，重金悬赏能够消灭影子的人。

　　有一天，一个聪明人揭了皇榜，说他可以把影子消灭掉。皇帝非常高兴，就把他召进宫来。这个人在皇宫的大厅周围均匀地摆了近千支蜡烛，每支蜡烛都有茶碗口粗，这些蜡烛被同时点燃后，大厅内通明透亮，光线从四面八方均匀地照向大厅的中心。做完了这一切之后，他让人把蒙上眼睛的皇帝抬到了大厅的中央。聪明人装神弄鬼地念了一段咒语，然后请皇帝把蒙在眼睛上的绸带拿开。皇帝睁开眼睛一看，影子果然不见了，于是赏了聪明人一大笔钱。

　　这个古怪的皇帝还一直以为这个聪明人有什么奇特的法术呢！其实，聪明人并不是用什么法术把皇帝的影子消灭掉的，他用的是科学知识和聪明智慧。想象一下，如果点一支蜡烛，你的身后一定会出现一个影子，如果再在你的身后点一支蜡烛，你的影子就会变得淡多了。那么，如果在你周围点上许许多多的蜡烛，那影子自然就消失无踪了。这个现象，我国古

图8.3.2　蜡烛中间的物体不会有影

代的墨子早在几千年之前就发现了，他说："光至景（影）亡。"意思是说，光线到了，影子就没有了。

现在医院中的无影灯，一般是由许多水银灯组成的，它们被安装在一个巨大的圆盘形灯座上，每个水银灯从不同的角度照射下来，影子自然就消失了。无影灯和上述聪明人的蜡烛阵消除影子的原理是一样的。

无影灯其实并不是真正的"无影"，它只是淡化本影，使本影不明显。仔细观察普通灯下的影子，就会发现影子中部特别黑，四周稍浅。影子中部特别黑暗的部分叫本影，四周灰暗的部分叫半影。光源越多，物体形成的本影就会越小，半影也会越淡。无影灯上面，许多发光强度很大的灯在灯盘上排列成圆形，合成一个大面积的光源。这样，就能从不同角度把光线照射到手术台上，既保证了手术视野有足够的亮度，同时又不会产生明显的本影，所以称为无影灯。

手术无影灯的发展经历了多孔灯、单反射无影灯、多级聚焦无影灯、LED 手术无影灯等。目前国外较流行的还有多孔多聚焦手术无影灯，这是目前较高端的手术无影灯。LED手术无影灯因漂亮的造型、长久的使用寿命和天然的冷光效果以及节能等特点逐渐进入医院的手术室。

8.4　从阳燧到凸透镜

燧，中国古代取火的工具。

燧石，俗称"火石"，也是一种取火的工具。古语中的"燧"有说指燧石的，也有说指燧木的。

燧人氏，其名始于古代传说，其事迹是"教民钻木取火"，这一技术发明使人们不再依赖天然火取得火种。

阳燧，古代汉族先民在3 000年前的西周时期发明的在太阳下取火的用具。古书《周礼》记载："阳燧以铜为之，向日则生火。"《本草纲目》记载："阳燧，火镜也。以铜铸成，其面凹，摩热向日，以艾承之，则得火。"所以，说白了，阳燧就是古代用青铜制造的一面凹面镜。当用它对着阳光时，射入阳燧凹面的全部阳光被阳燧球面形的凹面聚焦到焦点上，使焦点的温度快速升高，达到可以点燃易燃物的程度。因此阳燧是一

图8.4.1　春秋战国时期的阳燧

图8.4.2　明代阳燧

种能从太阳光中取来明火的工具，它的聚光原理被近代科学大量运用，从航空航天到太阳能清洁能源的利用，都有它的贡献。

2006年10月11日上午10时，一面直径1.4米、通体厚4厘米、重1.2吨的世界特大"虢国阳燧"在河南省三门峡虢国博物馆成功获取天火，从而验证了《周礼》的记载。

阳燧的材料不是纯铜，而是铜合金，主要成分是铜和锡，两者的比例是86：14。合金中锡的含量高，可以增加镜体表面的光反射率。

与阳燧一样具有从太阳光中取火功能的，应该就是凸透镜了。凸透镜的材质大都是玻璃，而且是光学性质比较好的玻璃。关于玻璃，过去很长时间大家都认为我国的玻璃是来自于外国的。但是，后来挖掘出来的文物显示，差不多从西周开始，中国已经有自制的玻璃了，只是自制的玻璃大多是铅钡玻璃，光学性质较差。到了东汉时期，透镜已经被真正发明出来了，20世纪七八十年代江苏邗江西汉墓和南京北郊郭家山东晋墓中都出土了一些光学性质良好的玻璃镜片和水晶镜片，其中郭家山东晋墓出土的镜片还镶了铜边。

关于凸透镜的使用，我国古书中还有用冰透镜取火的记载。《淮南万毕术》中记载，当时有人曾"削冰令圆，举以向日，以艾承其影，则火生"。这里提到的，就是一种冰质透镜。其实，在极地考察的科学家们，就常常用这种冰透镜来取火。他们先在一个圆底盘子里面装满海水，等海水结冰后，再把它做成一只冰的凸透镜，用它来聚集太阳光，就能很轻松地将火绒或者棉花点燃。

图8.4.3　冰透镜取火

其实，不仅有冰透镜，自然界中还存在着天然的水透镜，有时候这些水透镜还会成为森林火灾的罪魁祸首。茂密的森林中，人迹罕至，生长着各种各样的奇花异草，更生活着形形色色的珍禽异兽，有大象、猩猩、蟒蛇和各种毒蛇，以及各种各样的鸟类。对于这些生物来说，最大的威胁就是森林大火，一场大火袭来，无数生灵葬身火海，幸存者很少。但是，很遗憾的是，一些森林大火的罪魁祸首却在很长的时间里都没有被找到。

后来，在一个偶然的情况下，人们才在无意之间发现了谜团背后的答案。原来，有些森林大火的罪魁祸首竟是天上的太阳和树叶上的那些露珠，正是这两者的"合谋"，引发了一场场大火。由于热带森林往往地处赤道附近，所以即便是太阳刚刚升起的时候，就已经骄阳似火了。灼热的阳光照在这些露珠上，每一个露珠就像一只高倍的凸透镜一样将阳光汇聚到一起落到了它的焦点上，这个焦点就成了火源。如果恰好有干草或者枯叶处于这个焦点位置，就很容易被点着，火势蔓延开来，就形成了可怕的森林火灾。

就是这样的一滴水形成的凸透镜，甚至还给伟大的物理学家牛顿带来了难以忘怀的记忆。事情发生在牛顿49岁的时候，一场书房火灾给他造成了很大的损失，而起火之谜更是使牛顿困惑不已。

出事前，家里只有他和仆人两个人在。那是一个星期天的早晨，正在洗脸的牛顿忽然觉得应该在刚刚写好的论文上再补充一段文字，让内容更完美一些。于是，他没有顾得擦去脸上的水珠就跑进了书房，挥笔疾书了起来。脸上的水珠，有的掉在了压稿纸的小玻璃板上，有的直接掉到了稿纸上，但这一切牛顿都没有在意，他的注意力完全在他的论文上。写完论文后，牛顿就赶往教堂做礼拜去了。路上，明亮的阳光照得他浑身暖洋洋的。但是，当他做完礼拜回到家中时，发现仆人正在拼命救火。因为扑救及时，火倒是很快被扑灭了。

他问仆人火是怎么着起来的，仆人说："不知道，不会是老爷你走的时候忘了把蜡烛吹灭吧？"那个时候，电灯还没有被发明出来。

"不可能，我记得很清楚，我已经吹灭了它！"

"那会不会是桌子上有什么凸透镜片？是它把火引来的。"仆人见过牛顿以前曾经在阳光下用凸透镜取火。

仆人的提醒倒是很有道理，牛顿马上认真检查了自己的桌子。但是，桌上除了那块压论文稿纸的小玻璃片以外，根本没有凸透镜片，而那块小玻璃片只是个平面的。

事情就这样过去了。直到两年后的一天，也是一个星期天，牛顿照例又要去教堂。就在他洗脸的时候，突然明白了两年前那场火灾的原因。原来，真正的肇事者是他自己。

原来那天早晨，牛顿脸上的水有一些落在了那块小玻璃板上，由于玻璃板经常跟人的手接触，上面有很多油渍，而水滴在这样的玻璃板上会以半球状的外形存在。这样一来，这些小水滴就相当于一个个小凸透镜了。再加上那天的阳光很好，平行的太阳光经过这些小小的凸透镜汇聚成很亮很热的光点，时间一长，就把稿纸点着了。

8.5　显微镜的故事

人类的历史已经十分漫长，在这漫长的岁月里，人类的发展并不是一帆风顺的，种种的灾难总是意想不到地降临。其中，瘟疫的流行曾经给局部地区的人们带来毁灭性的后果。14世纪，一场被称为"黑色妖魔"的鼠疫在欧洲大陆爆发了。这场浩劫最终夺去了2 500万人的生命，使得当时的欧洲人烟稀少，田地荒芜。历史上曾经非常繁荣的罗马大帝国，也是因为一次天花的大流行而衰落下去的。

无论是鼠疫还是天花，都属于传染性极强的传染病。但是，到底是什么引发了这些极端可怕的传染病呢？为了搞清楚这个问题，无数的医生和科学家为之奋斗，甚至有人付出了生命的代价。不过，谁也没有想到，最后在这件事情上做出了大贡献的居然是一对顽童和一个不起眼的看门老人。

400多年前，荷兰有一个叫詹森的磨眼镜片技师，他有两个孩子，都很天真淘气。这两个孩子对爸爸的工作非常感兴趣，尤其是架子上的那些神奇的眼镜片，对他们来说简直充满了不可抗拒的诱惑。所以，只要爸爸不在家，这兄弟俩就会偷偷地溜进爸爸的房间，在里面尽情地玩个痛快。作为父亲，詹森还是非常宽容的，虽然每一次都知道两个儿子偷偷溜进了自己的工作间，但是始终没有揭穿兄弟俩的秘密，更没有因为兄弟俩有时候损坏了一些玻璃镜片而责骂他们。

有一天，这兄弟俩趁爸爸外出，再次偷偷溜进了爸爸的工作间。然后，他们又像往常一样拿起那些已经磨制好的镜片随意地玩耍起来。忽然，哥哥发现了一根铜管，就伸手拿了过来，并把两片磨好的镜片放在了管子的两端，然后对准一本书看去。于是新奇的事情发生了：一个逗号竟然像一个胖蝌蚪似地趴在那里。弟弟听了哥哥的发现，就把这个了不起的管子夺了过来，向哥哥的眉毛看去，发现眉毛就像一根根钉在脸上的钉子一样！

父亲知道了孩子们的发现之后，十分高兴，他自己更是动手改进了这个装置。他把管子做得细长细长的，两端各固定了一块凸透镜，管子的长短还可以调整。这样，第一架显微镜就算诞生了，时间是1590年。小小的显微镜给詹森一家带来了好运，他制作的这种具有神奇魔力的小玩意儿受到了广泛欢迎，订货者众多，甚至很快就风靡了整个欧洲。但是，在很长的一段时间里，人们还只是把它当作一种娱乐的工具，并没有意识到这种小玩意儿在科学研究上的价值，更不会想到用这个小玩意儿去观察细菌。

时间如流水，转眼之间，就过去了几十年，被人们当作新奇玩具的显微镜终于开始在科学研究领域慢慢显露出了头角。

在荷兰代尔夫特城的市政府大门门房里住着看门人，一个孤僻的老头，名叫安东尼·列文虎克（1632—1723）。他由于觉得闲坐着太无聊，就学起了磨玻璃透镜的手艺。他每天一早起床，就磨啊磨啊，终于磨成了一个个只有大头针的针帽那么大小的小透镜。他把它们嵌在小木板的小洞里，制成了一台显微镜。随后，他便用这台自制的显微镜开始观察各种能搜集到的微小物件，什么苍蝇的脚、青蛙的血、昆虫的眼睛等等，并乐此不疲。

图8.5.1　列文虎克

图8.5.2　列文虎克发明的老式显微镜

有一次，列文虎克用玻璃棒在水池里蘸了一滴污水，拿到显微镜下面看。这次，他竟然发现了一个奇妙的世界：污水滴里竟有成群的"小野兽"在"奔跑"，它们有的毛茸茸的，有的像圆球，还有的具有变形的能耐……这些家伙们一刻也不停，不是到处游荡，就是相互打架。

后来，列文虎克把自己的发现报告给了英国皇家学会，并带着自己的显微镜来到那里的科学家们面前，将那个奇妙的世界真实地展现在了他们的面前。

其实在安东尼·列文虎克之前，英国科学家罗伯特·胡克（又译作罗伯特·虎克，1635—1703）已设计制作了一台显微镜用于科学研究。

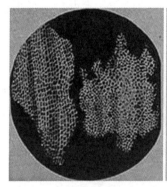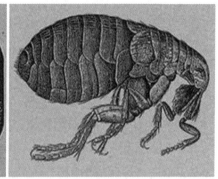

　　(a)软木细胞(已死亡)　　　　　　　(b)跳蚤
图8.5.3　胡克根据显微观察绘制的图像

显微镜把一个全新的世界展现在人类的视野里。人们第一次看到了许多"新的"微小动物和植物，以及从人体到植物纤维等各种东西的内部构造。显微镜还帮助科学家发现新物种，帮助医生治疗疾病。

发展到今天，显微镜的家族已经十分庞大。从显微原理来分，在当今科学研究中常使用的显微镜主要分为两大类：光学显微镜和电子显微镜。詹森所发明的正是光学显微镜的老祖宗。现在的光学显微镜可把物体放大1 600倍，分辨的最小极限达 0.11 微米。

光学显微镜主要由目镜、物镜、载物台和反光镜组成。目镜和物镜都是凸透镜，焦距不同，物镜的焦距小于目镜的焦距。物镜相当于投影仪的镜头，物体通过物镜成倒立、放大的实像；目镜相当于普通的放大镜，该实像又通过目镜成正立、放大的虚像。经显微镜到人眼的物像都是倒立放大的虚像。反光镜用来反射光线，照亮被观察的物体。反光镜一般有两个反射面：一个是平面镜，在光线较强时使用；一个是凹面镜，在光线较弱时使用，可会聚光线。

当然，除了最普通的光学显微镜之外，现在的光学显微镜还有很多细分的种类，每一种细分的种类都有独特的地方，可以在相应的领域发挥独特的作用。另外，显微镜与其它技术相结合，也催生出一些具独特魅力的新型光学显微镜，其中视频显微镜就是一个很好的例子。

视频显微镜是将传统的显微镜与摄像系统、显示器或者电脑相结合的产物，最早的雏形应该是相机型显微镜，将显微镜下得到的图像利用小孔成像的原理投影到感光照片上，从而得到图片；或者直接将照相机与显微镜对接，拍摄图片。随着利用半导体成像器件制作的摄像机的兴起，显微镜又可以通过这种摄像机实时将图像传到电视机或者监视器上，达到直接观察的目的。20 世纪 80 年代中期，随着数码产业以及电脑业的发展，显微镜的功能再一次得到了提升，而且也变得更简便更容易操作。到了 20 世纪 90 年代末，半导体行业的发展，硬件与软件的结合，以及智能化、人性化，使显微镜有了更大的发展。

图 8.5.4　视频显微镜

相比于光学显微镜，电子显微镜就更不得了了，现在电子显微镜的最大放大倍率超过了 1 500 万倍。电子显微镜的工作原理这里就不做介绍了。

总之，显微镜对于人类来说，真的是一项非常伟大的发明，它帮助人类揭开了微生物世界的秘密，找到了引起那些毁灭性疾病的凶手，为人类应对相应的灾难提供了有力的手段，增强了人类的生存能力。所以，我们应该感谢和纪念那些与显微镜发明有关的人。

8.6　望远镜的发明与发展

2016 年 4 月 8 日的《新华日报》上有一则新闻《"南京造"光学望远镜落户南极》，新闻中提到："'南极亮星巡天望远镜'（BSST）近日在南极中山站启用。作为首台安装于南极中山站的光学望远镜，BSST 利用极夜连续观测窗口进行 24 小时

图8.6.1 伽利略

不间断监测，研究天体目标变化规律，实现了其它天文台址不能实现的观测模式。"光学望远镜，对于现代的天文台来说，确实是不可缺少的观测工具。那么，到底是谁发明了这种神奇的仪器呢？这种仪器在天文观测中又扮演着怎样的角色呢？

事实上，望远镜的发明受到了显微镜的启发。1590年，一次偶然的机会，荷兰的詹森发明了显微镜，用它可以把小东西放大。不久，这件事就被意大利著名的物理学家伽利略知道了，他立刻对此产生了兴趣。他想，既然小的物体可以被放大，那么远的物体能不能被移近呢？伽利略一直对于天上那些星体很有兴趣，但是仅仅依赖于肉眼的观察已经无法满足他的研究需要。出于这样的目的，带着一种信念，伽利略踏上了发明望远镜的探索之路。

开始，他只是按照传闻中的样子仿制，即在一根管子两头各放一个凸透镜，但是怎么也得不到他想要的结果。后来，他改用一凸一凹两个透镜，但是两个镜子之间的距离总是调不好。当时，用手工磨制镜片是一件很费劲的事情，每磨一片要花费很多时间，他不断地磨呀、改呀、装呀、拆呀，在别人看来，伽利略简直是一个疯子。但是功夫不负有心人，最后这个伽利略梦寐以求的镜子终于在1609年被制成了。这是一个细细的管子，两头放上一凸一凹两块透镜，当把眼睛贴近凹镜向远处看时，远处的东西似乎移近了许多，它们比直接用眼睛看大得多。按照伽利略的计算，这个装置大约能放大8倍。这支小小的管子引起了人们浓厚的兴趣，被称作"伽利略魔管"。它就是人类历史上第一架望远镜。利用这台望远镜，伽利略看到了月球那

图8.6.2 伽利略发明的望远镜

坑坑洼洼的"麻子脸"：它的表面布满了高低不平的环形山。他把低处叫作海洋，并把最大的两个环形山分别叫作阿尔卑斯山和亚平宁山。后来，伽利略又利用这台望远镜看到了木星的4个卫星，这4个卫星不停地绕着木星旋转，就像月亮绕着地球旋转那样。对木星卫星的观察，使得哥白尼的日心说得到了充分的证实，从而推动了天文学的一次革命性进步。

第一台望远镜被制成两年以后，伽利略的朋友、著名的德国天文学家开普勒在1611年设计出了另一种望远镜。它的管子更长一些，两端用的都是凸透镜。用它观察物体，物体显得更大，视野也扩大了许多。但是，它也有一个缺陷，就是通过它看到的都是物体倒立的像。后来，人们为了弥补这一缺陷，在管子中放置了一对棱镜。光线进入物镜以后，经过棱镜改变方向，等到再通过目镜进入人的眼睛时，倒立的像就被正了过来。不过，在当时，天文学家们对于开普勒发明的那种望远镜

的缺点并没有在意，因为他们观察的对象是天上的星星，那些家伙们可没有手脚，自然也就不在乎它们是否倒立了；另外，对于浩瀚无边的宇宙来说，也根本无所谓"上"和"下"。所以，人们普遍采用这种望远镜来观测天象，这种望远镜也被称为开普勒式望远镜。

如上所述，望远镜的一个很重要的作用就是天文观测。但是，当使用天文望远镜观察天象时，最怕两点，一是星星的闪烁不定，二是分辨不清。星星的闪烁是流动的大气的折射造成的，为了避免它，常常把望远镜架在大气比较稳定的高山或高原上。至于分辨不清的问题解决起来就没那么容易了，一个常用的办法是加大望远镜的口径，而制造大口径的望远镜是一件很不容易的事。

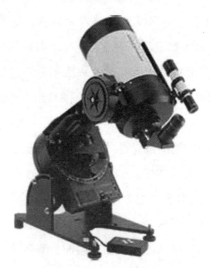

图8.6.3　大口径望远镜

光学天文望远镜分为折射式望远镜、反射式望远镜、施密特望远镜。19世纪初期折射式望远镜是天文望远镜的主流，当时研究的重点在天体测量，比如邻近恒星的位置测定。随着时代的演进，天文学家开始探索银河系以外的星系，研究整个宇宙的结构，于是巨无霸的大型反射式望远镜便取代了折射式望远镜的地位。而由折射和反射元件组成的施密特望远镜则能让天文学家去探索研究数十亿光年之遥的宇宙深处。为了避开地球大气层对天文观测的干扰，人们又将望远镜送入了太空，如2018年10月30日退役的开普勒太空望远镜。除了光学天文望远镜，射电天文望远镜在天文观测中正发挥越来越大的作用。

目前世界上最大的光学天文望远镜是凯克望远镜，位于夏威夷莫纳克亚山。凯克望远镜的得名，是因为建造这两台望远镜的经费主要由企业家凯克捐赠。凯克望远镜的两台望远镜 KeckⅠ 和 KeckⅡ 分别在1991年和1996年建成。它们的口径都是10米，由36块六角镜面拼接组成，每块镜面的口径均为1.8米，而厚度仅为10厘

图8.6.4　开普勒太空望远镜

米，通过主动光学支撑系统，使镜面保持极高的精度。

完全由中国自主研发的新型大视场望远镜———大天区

面积多目标光纤光谱天文望远镜（LAMOST）被命名为郭守敬望远镜，位于河北省的国家天文台兴隆观测基地，是中国最大的光学望远镜、世界上口径最大的大视场望远镜，也是世界上光谱获取率最高的望远镜。

8.7　照相机的一些故事

　　闲来无事的时候，也许我们喜欢把家里珍藏的相册拿出来翻翻。一张张相片，记录了我们成长的一个个精彩的瞬间，而这一切都要归功于照相机的出现。那么，第一台照相机是什么时候诞生的呢？又是谁发明的呢？

　　古时候，人们不会照相的时候，如果想把自己的样子留下来，或者找个画师来把自己的样子画下来；或者先把自己的影子映在墙上或者玻璃上，然后把它拓下来，不过这样只能得到一张分不清鼻眼的侧面像。

　　到了19世纪初，法国有一个画家，这个画家还小有名气，有一天他的妻子突然发现自己的丈夫最近一段时间不再作画了，他谢绝了很多的买主。整天地，他把自己关在一个黑屋子里，蓬头垢面的。在黑屋子里，整天跟一个木箱子、玻璃片和小铜板

图8.7.1　1963年上海照相机厂向市场批量投放的"上海4型"120双镜头反光照相机

打交道。他经常出入玻璃店和化学药品店，为此花了不少的钱。对于自己丈夫的反常表现，做妻子的很着急，急得她跟别人说自己的丈夫疯了。

这个画家真的疯了吗？没有。他不愿意再画画了，他要发明一种能把人的影像留下来的机器。这种强烈的愿望驱使着他，像着了魔似地一连干了好几个月，终于在1827年制成了照相机。这个画家就是第一台照相机的发明人达格尔。

达格尔先把一块铜板镀上银，再把它放在水银蒸汽中薰，等薰好了之后，把它装在一个木箱子里。在这个箱子前面的箱板上挖了一个洞，在洞上装上可以伸缩的透镜。调节这个透镜的位置，就可以使不同距离处的物体所成的像恰好落在铜板上，铜板就感了光，留下了物体的影子，这就是达格尔发明的照相机的工作原理。

现代的相机已经先进多了，不但可以拍出黑白的相片，还能拍出彩色的相片；不仅能拍静止的物体，还能够拍运动的物体，甚至有的可以进行连续的快速拍摄，在百分之一秒甚至千分之一秒内就可以完成一次拍照。可是用达格尔的相机照相的时候，就费劲多了：你要想拍一张照片，必须事先在脸上涂一些白粉，然后老老实实地在机器前坐上半小时。可是你千万不要嘲笑它，因为它是我们现代形形色色的高级照相设备的鼻祖。

拿到一架高级的单反相机，如果我们认真地看一下它的镜头的话，就会发现镜头上都有一层蓝紫色的薄膜。这层薄膜可是有专业名称的，叫增透膜。为什么相机的镜头上要有这么一

图8.7.2 相机镜头

层膜呢？要想回答这个问题，还需要从一个有趣的故事开始。

1892年，科学家泰勒无意中发现了一件奇怪的事情。他用一架照相机拍照，等拍完了之后，才发现相机的镜头上有一层污膜，这层污膜使得镜头看起来一点光泽也没有。为了能够得到更满意的照片，泰勒把脏了的镜头认真擦拭干净之后，又重新拍了一次。但是，等到几天后照片冲洗出来之后，他却意外地发现，用脏镜头拍出来的照片反而比用干净镜头拍出来的照片更加清晰。这个结果就有些莫名其妙了，于是泰勒将这个不可思议的发现告诉了自己的朋友们，但是谁也不相信泰勒说的是真的。就这样，这件事情在当时就不了了之了。

但是，40年之后，当一个叫鲍尔的人知道了这件事情之后，立刻意识到这里面有进一步探索的价值。于是，他开始用实验的方式来研究这个问题，但是做了很多次实验都没有结果。直到有一次，他设法把一种叫溴化钾的东西涂在石英上，在石英的表面形成一个薄膜，然后又对薄膜上的反射光和透射光进行分析时，才发现了一些端倪。鲍尔发现，反射光的成分与透射光的成分居然不一样：反射光中有些波长的光不见了，相应地透射光中这种波长的光则更多了；反过来，透射光中也有些波长的光不见了，而这些不见了的光又正好是反射光中多出来的那些。这个发现令鲍尔兴奋不已，他觉得自己终于找到了泰勒之谜的答案。

原来，鲍尔所观察到的现象是光的薄膜干涉现象。有些波长的光，在反射过程中发生了干涉相消，而这些波长的光在透射的时候正好是干涉加强的；同样，有些光在透射中是干涉相消的，在反射中则是干涉加强的。照相机中的感光片和人眼睛里的视网膜一样，都是对绿光最敏感的，只要有一点微弱的绿光就可以使之感光，但是对紫、红两色的光的反应却很迟钝。如此一来，如果在照相的时候能够增加透过镜头的绿光成分，照片的清晰度自然就会提高很多。泰勒镜头上的那一层污膜的厚度正好不适合绿光的反射，起到了提高绿光的透射程度的作用。等到他把污膜擦拭掉了之后，在镜头变得光亮的同时，对绿光的反射作用也加强了，如此一来照出来的照片反而不是特别清晰了。

光学仪器中，光学元件表面的反射，不仅影响光学元件的通光能量，而且这些反射光还会在仪器中形成杂散光，影响光学仪器的成像质量。根据实验和理论计算，一块普通玻璃的表面能把大约百分之四的直射光反射回去，一块透镜有两个表面，那么光线通过透镜的时候，就会出现大约百分之八的反射损失。反射损失越大，透过去的光自然就越少，用专业术语来说就是通光能量少了。就照相机而言，成像是它的唯一目的，所以自然就非常不欢迎那些杂散光的存在，因为杂散光会导致感光片上出现阴影、杂散光斑和双像等，使得所成的像质量变差。

所以，为了增加通光能量，同时减少杂散光的不良影响，在现代的相机镜头上都要镀上一层能够增透绿光的薄膜，也就是增透膜。那么，为什么相机上的增透膜基本都是蓝紫色的呢？原因很简单：可见光有"红、绿、蓝"三种原色，而膜的厚度是唯一的，只能照顾到一种原色的光让它完全进入镜头，如上所述，一般是让绿光全部进入，因为感光片对绿光最敏感；这种情况下，在可见光中看到的镜头反光的颜色就是蓝紫色，因为反射光中已经没有了绿光。

8.8　人造月亮

在地球上看月亮，终免不了有阴晴圆缺的周期变化，一轮明月的景象总不可能天天得见。

从能源利用的角度来说，如果能够天天明月高悬的话，我们花费在夜间照明上的能源消耗就会减少很多。当然，我们知道月亮自身是不发光的，我们看到的月光是月亮反射的太阳光，所以其中的能源论起来归根结底还是太阳能。相对于现在占据能量使用主体地位的化石能源，太阳能无疑是无比清洁的一种能源，而且非常丰富。

于是，一些人就想，如果我们能够在地球的上空再造出一个月亮来，让它时时刻刻将尽可能多的太阳能截取转移到地球上来，那该多好啊！

"人造月亮"的最早构想出自一位法国艺术家："在地球上空挂一圈镜子做成的项链，让它们一年四季把阳光反射到巴黎的大街小巷。"这个想法曾被欧洲航天局讥为"痴人说梦""荒唐至极"。另有网站指出反射阳光这个想法最早出现在美国提出的"哥伦布500"计划中。

到目前为止已经有不少科学家提出了人造月亮的设计方案。俄罗斯主持研制太阳帆船工作的著名设计师弗拉基米尔·瑟罗米亚特尼科夫就曾突发奇想，想出了利用超薄反射膜制造太空照明系统的主意。

首先，这一系统可以解决俄罗斯高纬度地区的照明问题。这些地区每年总有长夜难明的极夜时期，渴望光明的人们深受其苦。此外，太空反射镜还可以用来照亮发生地震或洪水等自然灾害的地区，使救援工作在夜间也能比较顺利地进行。为此，俄罗斯科学家们实施了代号为"旗帜"的一系列尝试性研究计划。

1993年2月4日，俄罗斯在"和平号"太空站上进行过一次代号为"旗帜2号"的"人造月亮"实验，该次实验获得成功。这个人造月亮直径为20米，地面光斑直径4千米。当它运行到西欧上空时，恰好是后半夜，它向地面反射了第一缕阳光。可惜由于云层太厚，很多人并没有看到这一不同寻常的现象。在此之前，俄罗斯还进行了"旗帜1号"阳光反射镜的地面工程实验。

1999年2月4日，俄罗斯又进行了代号为"旗帜2.5"（也有网站称为"火焰2.5")的阳光反射试验。按照设想,镜瓣在空中迅速展开后,会形成一个直径为25米的反射镜面(每个镜瓣都是由专门的镀铝膜合成胶片制成),像向日葵似的朝向太阳,这个"人造月亮"的总重量不到4千克;几乎所有"和平号"太空站经过的国家如俄罗斯、法国、捷克和加拿大等都会陆续出现一束自太空投下的光,光束在地面上的直径为5~7千米,夜色中,反射光的亮度10倍于正常的月光,这样的亮度已经足以让人能读书看报了。不过,很遗憾的是,这次实验没有成功。后来,经过多次修正依然失败之后,俄罗斯的航天部门叫停了试验。不过,不管怎么说,这也是人类在试验人造月亮之路上极其有价值的尝试。

此外,美国航空航天局的科学家也提出了一个有意思的方案:在距离地面36 000千米的轨道上安装一个人造月亮,这个人造月亮是一个伸展直径达到了1千米的巨型镜面。这个人造月亮不仅可以用于夜间照明,还可以用来发电。假如把12面这样大的镜子连接起来,它的反射光强度可以达到10个满月的亮度。如果这种人造月亮与地球同步运行的话,在它照耀范围内的人将会看到一个永远不落的月亮。

不过,对于人造月亮,也有很多人提出了异议。生物学家担心它会改变地球某些区域的生物模式,而天文学家则认为它会影响天文观测而强烈反对。所以,人造月亮到底要不要让它出现,确实还需要有更多的考虑,毕竟它的出现对于生态环境的影响是绝对不可以忽视的。

8.9　潜艇的眼睛

潜艇是"水中之王"，它潜藏在碧波万顷的海面下，可以悄悄地接近敌人，也可以不声不响地守株待兔，等待着敌方船只上门，进行出其不意的攻击。一般来说，潜艇都是潜藏在水底下的，但是有的时候它也是需要浮到水面上来的，浮到水面上之前它需要对海面和空中的情况有一个全面的了解，以确保自身的安全。所以，在这个时候，潜艇就需要有一种能在水下看到海面情况的非常特殊的眼睛。事实上，潜艇也确实有这样的一种眼睛，那就是潜望镜。

处于水下航行状态的潜艇观察海面和空中情况的唯一手段就是借助潜望镜。现在，多数潜艇都安装有两部潜望镜——一部攻击潜望镜和一部观察潜望镜，前者用于发现和瞄准水面上的攻击目标，后者主要用于观察海空情况和导航观测。潜艇在浮出水面前，艇长都必须指挥艇员在一定深度的水下先用观察潜望镜对海面和空中进行一次全方位的观察，以便发现可能

图8.9.1　潜艇观察水面情况

图8.9.2　露出水面的潜望镜

171

存在的敌情。只有在确认没有威胁的情况下，潜艇才会浮出水面，毕竟这种状态下的潜艇自我防御的能力是比较弱的。

潜望镜的主要部件是一根长钢管桅杆，可升至指挥塔外5米高的位置。在长钢管的上下两端的拐弯处，各装有一个平面镜，来自观察目标的光线经过第一面镜子反射之后改变传播方向由水平变为竖直，然后到达第二面镜子再次反射改变方向又由竖直变为水平，最后进入观察者的眼睛。如此一来，在潜望镜的观察口处，观察者就可以清晰地看到海面上的目标景象了。这里描述的是潜望镜最基本的原理，事实上，利用平面镜反射改变光线方向的时候是不可避免地出现能量损失的，导致的结果就是观察到的景象不够清晰。所以，在认识了光的全反射现象之后，潜望镜中的那两块平面镜就被两块直角棱镜替代了。用玻璃棱镜代替平面镜，不仅便于安装、固定，而且还不用担心反射面的变质、生锈，因为在棱镜中光线的反射是发生在玻璃的内表面的，而且相对于镜面反射来讲，全反射的能量损失更小。另外，在实际的潜望镜的两端还都安装有透镜，透镜的作用是将潜望镜的视野进行放大，使得潜望镜观察的范围更加广阔，这与我们家里的大门上安装的"猫眼"（门镜）的功能差不多。

潜艇潜望镜是在20世纪初发明的。1906年德国海军建成第一艘潜艇时，已使用了相当完善的光学潜望镜，由物镜、转像系统和目镜等组成。当时潜望镜的观察距离很近、视场狭窄、图像质量也很差，而且夜间无法使用。

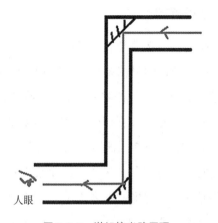

人眼

图8.9.3　潜望镜光路原理

　　现代的潜望镜制造商应用微光夜视、红外热成像、激光测距、计算机、自动控制、隐身等光电技术的最新成果，开发出新一代光电潜望镜。以2003年德国研制的SERO 400型潜望镜为例，它能配置多种摄像机和传感器，如数码摄像机、微光电视摄像机、彩色电视摄像机、热像仪、人眼安全型激光测距仪等，供潜艇指挥员根据实战需要选用；还能把视频信号实时提供给作战系统监视器，潜望镜系统的串行接口可供不同的作战系统控制台进行遥控操作。该潜望镜系统在昼光和夜间条件下都有相当好的观察效果，能有效监视海面和空中、收集导航数据、搜索和识别各种海上目标，对观察到的图像可以录像供反复回放观察。

　　不得不说，作为"水中之王"的潜艇在配上了功能越来越强大的潜望镜这种特殊的"眼睛"之后，真的是"如虎添翼"了。

8.10 光导纤维

清晨，当我们漫步在草地林间的时候，最沁人心脾的是清新的空气，最赏心悦目的恐怕要算那一颗颗点缀在叶片上的晶莹露珠了。这些挂在草叶、花瓣上的露珠，看起来是那么晶莹剔透，就像一颗颗天然的宝石似的。露珠本来是透明的水滴，为什么它看起来却在闪着银光呢？原来，这其中蕴含着一种光学现象，即光的全反射现象。关于光的全反射现象，我们在前面已经解释得很多了，这里就不多说了。正是因为光线在露珠的下表面发生了全反射现象，才使得每一颗露珠看起来都是那么可爱。

下面再介绍历史上的一个有趣的实验。

1870年，英国物理学家丁达尔在一只大桶的侧壁上开了一个小孔，然后，在大桶内装满水，让水从容器侧壁的小孔流出，形成一股弯弯的水柱落到地面上。接着，从桶里用一束光把小孔照亮。当把屋子里的灯关掉以后，人们看到一件非常奇

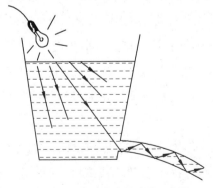

图8.10.1　丁达尔实验光路示意图

怪的事情:从小孔里出来的光束竟然也随着弯弯的水柱一起落到地面上,在水流落地的地方出现了一个亮亮的圆斑。这是光学上一个非常著名的实验。表面上看,光好像在水流中弯曲前进,实际上,在弯曲的水流里,光仍沿直线传播,只不过在内表面上发生了多次全反射,光线经过多次全反射向前传播。

丁达尔实验中,水柱变成了一支传光的管子。于是,有心人在头脑中冒出了一个想法:既然水流可以传光,玻璃丝也一定可以传光,能不能用玻璃丝作为传光的导线呢?

这个想法最终变成了现实:光导纤维这种神奇的东西降临到了这个世界上。

光导纤维是一种透明的玻璃纤维丝,直径只有1~100微米。它由内芯和外套两层组成,内芯的折射率大于外套的折射率,光由一端进入,在内芯和外套的界面上经多次全反射,从另一端射出。光导纤维的主要成分是二氧化硅,所以曾有一句防止光缆被盗的话:"光纤无铜,盗之无用!"

图8.10.2　光导纤维

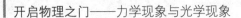

光导纤维的问世其实不是什么偶然，而是为了解决光通信问题而进行的种种研究的必然结果。光通信是人类最早应用的通信方式之一，从烽火传递信号，到信号灯、旗语等通信方式，都属于光通信的范畴。但由于受到视距、大气衰减、地形阻挡等诸多因素的限制，光通信的发展缓慢。直到1960年，美国科学家梅曼发明了世界上第一台激光器，才为光通信提供了良好的光源。随后20多年，人们对光传输介质进行了攻关，终于制成了低损耗光纤，从而奠定了光通信的基石，从此，光通信进入了飞速发展的阶段。

图8.10.3 高锟

香港中文大学前校长高锟于1965年在一篇论文中提出，以石英基玻璃纤维进行长程信息传递，将带来一场通信业的革命，并提出当玻璃纤维损耗率下降到20分贝/千米时，光导纤维通信就会成功，引发了光导纤维的研发热潮。1970年康宁公司发明并制造出世界上第一根可用于光通信的光纤，使光纤通信得以广泛应用。

高锟1934年12月5日出生在上海陆家嘴英租界，小时候住在一栋五层楼的房子里，五楼就成了他童年的实验室。童年的高锟对化学十分感兴趣，曾经自制灭火筒、焰火、烟花和晒相纸，并尝试自制炸弹。最危险的一次是他用白磷粉混合高氯酸钾，加上水并调成糊状，再掺入湿泥内，搓成一颗颗弹丸，待风干之后扔下街头，果然发生爆炸，幸好没有伤及路人。1948年全家移居香港，1949年又移居台湾，他进入圣若瑟书院就读。中学毕业后，他考入香港大学，但由于当时港大没有电机工程系，他远赴英国进入伍尔维奇理工学院（现英国格林威治大学）就读。1957年，他从伍尔维奇理工学院电子工程专业毕业。1965年，在伦敦大学下属的伦敦帝国学院获得电机工程博士学位。

从1957年开始，高锟即从事光导纤维在通信领域运用的研究。1964年，他提出在电话网络中以光代替电流，以玻璃纤维代替导线。高锟1965年的那篇论文后来被看作光纤通信的里程碑之一，高锟本人也因此被国际科学界公认为"光纤之父"，更因此获得2009年诺贝尔物理学奖。

图8.10.4　高锟与光导纤维

在实际的应用中，不得不承认，光纤有着非常多的优点。首先，它的重量非常轻。因为光纤非常细，单模光纤芯线直径一般为4~10微米，外径也只有125微米，加上防水层、加强筋、护套等，用4~48根光纤组成的光缆直径还不到13毫米，比标准同轴电缆的直径47毫米要小得多，加上光纤是玻璃纤维，密度小，所以使它具有直径小、重量轻的特点，安装十分方便。

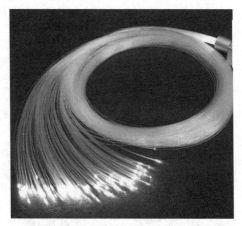

图8.10.5　用于光纤通信的光纤束

其次，光纤在进行光通信的时候抗干扰能力极强。因为光纤的基本成分是石英，只传光，不导电，在其中传输的光信号不受电磁场的影响，故光纤传输对电磁干扰、工业干扰有很强的抵御能力。而且因为不向外辐射电磁波，所以在光纤中传输的信号不易被窃听，利于保密。

再次，光纤传输一般不需要中继放大，不会因为放大引起新的非线性失真。只要激光器的线性好，就可高保真地传输电视信号。

当然，光纤的优点远不止这些，随着技术的进步，光纤通信的应用必将越来越普及。

　　光导纤维的应用，除了光纤通信之外，还有很多。在这里，再介绍一种用到了光纤的重要医疗器械——内窥镜。

　　内窥镜主要用于检查人体内脏器官。在检查的时候，医生常常把一根管子伸进内脏里，这个管子能把内脏里面照亮，还能把里面的光传递出来，使得医生能够从外面看到内脏里面的情况。最初的时候，这种内窥镜又粗又硬，使用的时候会给病人带来极大的痛苦，这种局面在光导纤维出现之后得到了极大的改善。

　　其实，将光导纤维应用到内窥镜上，早在1930年的时候就有一些科学家提出了这方面的想法，只是当时的技术水平还没有达到相应的要求，再加上第二次世界大战的影响，一直到1950年第一个具有现代意义的胃内窥镜才被成功制造出来。它是由直径几十微米的玻璃丝组成的，长度约1米，一部分玻璃丝负责把外部的照明光传到胃里，另一部分玻璃丝则负责把

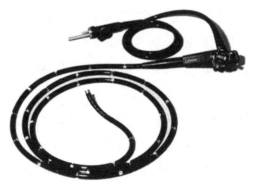

图8.10.6　内窥镜

胃内壁的图像传输出来，如此一来，医生就可以在外面清晰地观察到患者胃内壁的情况。

现在的内窥镜做得又细又长，最长的可以达到7米，用它不仅可以看到直径只有5毫米的肿瘤，还可以用来观察人无法进入的环境，比如正在引发的导弹、高速工作着的引擎、核反应堆等剧毒、高温、强辐射环境等。灵活细巧的光导纤维内窥镜已经成为人类认识世界不可缺少的工具。

8.11 神奇的红外线及红外技术

漆黑的夜晚，一座大楼里空无一人，显得十分安静。突然，一个鬼鬼祟祟的身影出现在楼道里，然后选定了一个房间钻了进去，这个房间正是这座大楼最重要的房间之一，里面存放着很多重要的物品，有的价值连城。看到这些物品之后，潜入者的脸上露出了喜出望外的表情。但是，就在他准备伸手拿那些贵重物品的时候，警报声突然响了起来，大楼警卫人员迅速出动，将潜入者给捉住了。

上面描写的场景完全可能在现实中出现。那个鬼鬼祟祟的身影自然是小偷，那么小偷是如何触发了警报器的呢？这里面一个最重要的功臣，就是一种我们肉眼看不见的光线——红外线。

红外线的发现完全是一个偶然。事情发生在1800年，当时英国有一位叫赫谢尔的天文学家，他正在研究光与热的关系，他做了一个很有意思的实验。首先，他用三棱镜将太阳光分成7种不同颜色的光，然后让它们在白屏上形成一条美丽的七彩光带。接着，赫谢尔将7支相同的温度计分别放在了7种色光的光带区域之中，又顺手将另外两支温度计分别放在了红光的外侧和紫光的外侧。等温度计上的温度稳定之后，赫谢尔惊奇地发现放在红光外侧的那支温度计上升的温度居然是最高的。其中，紫光区域的温度计上升了2℃，绿光区域的温度计上升了3℃，而红光外侧的温度计则整整上升了7℃！至于那支放在紫光外侧的温度计，则没有丝毫的反应，它的水银柱纹丝未动。

赫谢尔的实验向人们清晰地展示出在红光的外侧存在着一种人眼看不见的光线，这种光线虽然不可见，但是热效应却十分明显。因为这种光线存在于红光的外侧，于是人们便将其称为红外线。

当人们知道了红外线的存在之后，越来越多的关于红外线的研究就开始了。人们发现，红外线几乎无所不在，一只烧热

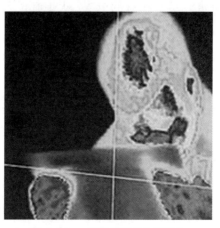

图8.11.1　红外成像仪下的图片

的熨斗、暖气片、我们的身体、各种生物体甚至桌子、墙壁等等，几乎所有的物体都可以向外辐射红外线。红外线具有很多神奇的能力，它不仅携带大量的热能，还能穿透许多物质：它可以穿透烟、雾，甚至可以穿透纸张、薄木板、胶木或者皮革。红外线的烘干本领非常高，它烤东西的时候可以进入物体内部进行加热，所以可以大大地缩短烘烤的时间，还可以提高烘烤的质量，因此纺织、造纸、木材加工、食品加工、机器制造等需要烘烤的领域都是红外线能大展身手的地方。

在军事上，红外线也有着十分重要的应用。有一种装备叫夜视仪，就是利用了红外线。20世纪60年代，美国首先研制出被动式的热像仪，它不发射红外光，不易被敌发现，并具有透过雾、雨等进行观察的能力。

1982年4～6月，英国和阿根廷之间爆发马尔维纳斯群岛战争。4月13日半夜，3 000名英军攻击阿根廷守军据守的最大据点斯坦利港。英军所有的枪支、火炮都配备了红外夜视仪，能够在黑夜中清楚地发现阿军目标，而阿军却缺少夜视仪，不能发现英军，只能被动挨打。在英军火力准确的打击下，阿军支持不住，英军趁机发起冲锋。到黎明时，英军已占领了阿军防线上的几个主要制高点，战场完全处于英军的火力控制下。6月14日晚9时，14 000名阿军不得不向英军投降。英军靠红外夜视器材赢得了一场兵力相差悬殊的战斗。

1991年海湾战争中，在风沙和硝烟弥漫的战场上，由于美军坦克装备了先进的红外夜视器材，所以能够先于伊拉克军队的坦克发现对方并开炮射击，而伊军坦克只能从美军坦克开炮

图8.11.2 红外夜视仪下看到的景象

时的炮口火光得知大敌当前。由此可以看出红外夜视器材在
现代战争中的重要作用。

其实，人类并不是最早利用红外线为自己服务的生物，最
早利用红外线给自己带来利益的是一些特别的动物。

我们都知道，蛇一般是以老鼠、鸟等小动物为食的。科学
家发现，响尾蛇可以在漆黑的环境下，精确地觉察到几十米外
的一只小老鼠，然后迅速准确地捕捉到它。那么，响尾蛇为什
么有这么厉害的本领呢？难道它有着神奇的眼睛？

图8.11.3 响尾蛇

为了弄清楚响尾蛇的"神奇眼睛"的秘密，科学家们做
了一个实验。他们用不透光的黑纸将一条响尾蛇包起来，使

它的耳朵、眼睛和鼻子都与光隔绝。响尾蛇被放在一个房间里，开始的时候房间里的灯是关着的，响尾蛇一点动静也没有。可是，当灯被打开后，响尾蛇立刻有了反应，它把头昂了起来，对准了灯的方向。如果把灯移近它，它立刻准确地向灯扑过去。

为什么会出现这样的情况呢？经过仔细研究发现，原来响尾蛇能感觉到红外线，它正是利用红外线捕捉猎物的。在响尾蛇的头上，长着一个能够感觉到"热"的器官，它处于鼻子和眼睛之间，这是一个向下凹陷的小坑，这个小坑里有布满了神经末梢的薄膜。当从目标上发出的红外线照射到薄膜上的时候，响尾蛇就能感觉到目标了。这个地方是非常灵敏的，只要目标的温度比周围的温度高出千分之一度，它就能够感知到。更为有趣的是，在响尾蛇头的两侧还有两个红外线定位器，这样在响尾蛇感知到目标的同时，还能够马上把目标的方位及距离测出来。可见，响尾蛇的红外技术相当高超。

响尾蛇给人们一个很重要的启示：如果制造出一套类似的红外装置，那不就可以在黑暗中追踪敌人了吗？只要军舰在航行，烟囱就不能不发热；喷气飞机在高空飞行，尾部会喷出一股强烈的热尾流；在深海中航行的潜艇，其放出来的冷却用水会使周围的海水温度升高大约千分之五度左右，从而也形成一股热尾流。热尾流往往可以持续存在十几个小时，因此，即使有夜幕的掩饰，也可以通过红外装置发现它们，从而追踪到它们的产生者。在军事上，某些导弹就装有响尾蛇那样的红外探测器和红外定位器，不但可以循着目标放出来的热流自动地追踪目标，还能根据目标的大小、形状、温度等特点，把它们从诸多其它热源中分辨出来，绝不会使目标溜掉。这就是我们常常听说的响尾蛇导弹。

　　由于红外线在军事、人造卫星以及工业、卫生、科研等方面的应用日益广泛，红外线污染问题也就随之产生了。红外线是一种热辐射，对人体可造成高温伤害。较强的红外线可造成皮肤伤害，其情况与烫伤相似，最初是灼痛，然后是造成烧伤。在焊接过程中产生的红外线，会危害焊工眼部的健康。

图8.11.4　红外追踪

九、色彩的奥秘

我们生活在色彩的世界中，仅仅是树的叶子，就有绿色的、黄色的、红色的、褐色的等等，更别说还有各种颜色的花、蓝天白云、青山绿水、红砖碧瓦灰城墙。正是有了这些色彩，我们的世界才变得如此可爱。可是，物体上的色彩到底是怎么回事呢？它们与光的色彩之间又有着怎样的关系呢？

9.1 物体的颜色

物体为什么会有颜色？曾经，人们以为这是物体的自身特性。但是，在人们进行了一些有意思的小实验之后，这个认识被颠覆了。一片绿色的叶子，如果放在白光下面，它的颜色依然是绿色的；但是如果把它放在红光下面，它的颜色看起来就变成了黑色；如果再换用紫外线去照射它的话，叶子的颜色又会变成火红色。又比如大块的煤都是黑色的，但是如果把大块的煤变成极其细小的颗粒散发到空中，它就变成了蓝色的烟。所以，人们很快就意识到，其实物体的颜色也是一种光学现象，物体到底呈现出什么样的颜色，与被什么样的光照射有着直接的关系。

第一个揭开颜色秘密的人是英国科学家牛顿，在前面

7.4节介绍过的光的色散实验中，我们已经做了非常详细的介绍。事实上，正是光的色散实验向世人第一次清晰地揭示了色彩的秘密，让人知道了白光是由7种颜色的色光混合而成的，7种颜色的光有着各自对应的波长，波长各不相同。

图9.1.1　牛顿在做光学实验

当然，物体的颜色除了与光的照射条件有关系之外，还与观察物体颜色的人眼有着直接的关系。要想弄懂物体颜色的规律，势必要花一点时间弄清楚人眼的色彩视觉问题。

在人眼的视网膜上，分布着圆锥和圆柱两种视神经细胞，其中与颜色分辨有着密切关系的主要是前者。圆锥细胞虽然对光的刺激并不是十分敏感，但是对色彩的分辨率却特别高。一般人的眼睛，可以分辨120种颜色，而最厉害的人甚至能分辨出13 000多种颜色。人的眼睛到底是如何将这么多的颜色分辨开来的呢？是不是需要每一种颜色都对应一种圆锥细胞呢？当然不是这样的，事情并没有那么复杂。

在人的眼睛里，其实只有3种分辨颜色的圆锥细胞，它们对所有波长的光都能够发生程度不同的反应，但是每一种细胞还分别擅长接受一种颜色的光，即红、绿、蓝3种色光。也正因为如此，这3种颜色被称为三基色。当看到绿色的物体时，眼睛中的绿色圆锥细胞最兴奋，而红色和蓝色圆锥细胞的兴奋度则微弱得多。

既然只有3种视觉细胞，那为什么人眼却能够识别那么多种颜色呢？原来，人的视觉有这样的一个特点：不管看到的是多么复杂的混合光，最后在脑子里产生的都只是一个单一颜色的色视觉。当眼睛接收了混合光之后，3种色觉细胞都按自己的规律兴奋起来，形成了3种视觉信号，它们通过视神经传递到大脑，但大脑对每一个单独的信号并不感兴趣，而是把它们综合在一起，形成一个综合的色视觉，这就是人感觉到的混合光的颜色。所以，人的眼睛是分辨不出看到的混合光中的单色光的，看到的只是混合后的混合光。表面上看起来，这似乎是一个缺点，但事实上并不如此：正是因为人类的眼睛具有这样的特点，我们才能够欣赏到这个世界上如此众多的颜色。混合光的比例千变万化，我们眼睛的感觉也随之千变万化，而看到了千变万化的色彩。

在搞清楚了人的眼睛中色彩视觉的问题之后，我们再次回到物体的色彩问题上来。就像上面提到的，物体到底呈现怎样的色彩，一离不开外界的光照条件，二离不开我们眼睛的感觉。可是，一个问题依然存在：为什么红花的颜色就是红的，绿叶的颜色就是绿的呢？原来，当光照射到物体上的时候，物体会吸收其中某些波长的光，同时会将不吸收的光反射回去，物体的颜色取决于反射回去的光的色彩。就拿红花来说，白色的太阳光照射其上的时候，红花会将白光中的黄、青、绿、蓝、紫等色光都吸收掉，同时将不吸收的红光反射回去，于是红花看起来便是红色的了。所以说，人们看到的物体颜色，就是物体不吸收或少吸收而反射回去的光的颜色。日光下呈现绿色的布料在红光下会变成黑色，是因为绿布只反射绿光，而在红光下无绿光可反射，所以呈现黑色。只有发光体才具有自己的固定不变的颜色，不受其它光和周围环境反光颜色的影响。从这个意义上来说，不发光的物体是不存在"固有色"的，其色彩是由自身的物理结构和周围的光线条件所决定的，所以称之为"条件色"。

9.2　三基色与三原色

从字面上讲，三基色与三原色没有区别，都是指3种基本颜色。在实际使用中，三基色指红、绿、蓝3种颜色，如

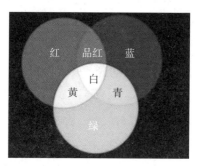

图9.2.1　三基色（红、绿、蓝）

上节所述，与人眼中分辨颜色的3种圆锥细胞相对应；而三原色则可能指红、绿、蓝，也可能指品红、黄、青，或者指红、黄、蓝。

对于光源，颜色叠加的效果是同时显示每一个光源的颜色效果，如红＋绿，结果就是黄色；从亮度上来看，光源的颜色叠加，会越来越亮。对于不发光的物体，颜色叠加效果是显示各个物体所共同反射的颜色，如黄色的物体反射红光和绿光较多，蓝色的物体反射绿光、蓝光和紫光较多，加在一起，就显示它们共同反射的颜色，也就是绿色；从亮度上来看，不发光物体的颜色叠加，会越来越暗。

彩色电视机中的三原色是红、绿、蓝。彩色电视机的荧光屏就像人眼的视网膜一样，上面涂着3种不同的物质，就是3种荧光粉。当电子枪中的高速电子束打在荧光屏上面的时候，不同的荧光粉受到刺激后会发出不同颜色的光，一种发红光，一种发绿光，一种发蓝光。制造荧光屏时，工人用特殊的方法把3种荧光粉一点一点互相交替地排列在荧光屏上。你无论从荧光屏什么位置取出相邻3个点，都一定包含红、绿、蓝各1点。每个小点只有针尖那么大，不用放大镜是看不出来的。由于点小，又挨得紧，所以在发光的时候，用肉眼无法分辨出3个点发出的不同颜色的光，只能看到3种光混合起来的颜色。

与红、绿、蓝一样，品红、黄、青也是科学上精确的三原色（红与蓝混合得品红，红与绿混合得黄，绿与蓝混合得青）。在照相、打印、印刷等领域中，都是以品红、黄、青为三原色。

彩色照片的成像，其3层乳剂层分别为：底层为黄色，中层为品红色，上层为青色。各品牌彩色喷墨打印机也都是以品红、黄、青色加黑墨盒打印彩色图片的。

不过，在美术教科书上，习惯上是以红、黄、蓝为三原色的，这可能与人们的实际视觉感觉有关。

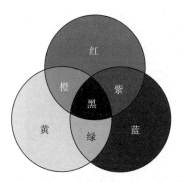

图9.2.2　美术三原色（红、黄、蓝）

9.3　从 APEC 蓝说起

2014年11月7日到12日，当年的 APEC（亚太经合组织）会议在北京召开。会议召开期间，由于政府使用了许多超常规手段治理空气污染，北京的空气质量大好，每一天都可以看到可爱的蓝天，后来人们就把这期间的蓝天称为"APEC 蓝"。

蓝天，曾经司空见惯的东西，竟然成为了一种稀罕玩意儿。向往蓝天，追求蓝天，不知道从什么时候开始成为了都市人生活的一部分，享受蓝天更是成了都市人的一种幸福。

蓝天，成了空气质量好的标志，也成了空气污染程度的反向标志。那么，蓝天为什么具有这样的功能呢？或者说，蓝天

是因为什么才那么蓝的?

　　要搞清楚蓝天为什么是蓝色的,必须了解一种被称作瑞利散射的光学现象。这种现象之所以叫瑞利散射,顾名思义,它是被一位叫瑞利的科学家发现的。关于瑞利的故事后面再说,在这里先交代一下到底什么是瑞利散射。

图9.3.1　瑞利

　　光在同一种均匀的介质中一般是沿着直线传播的,但是,当光通过的介质是不均匀的时候,一束光中的一部分就会偏离原来的方向传播出去,这种现象就叫光的散射现象。

　　瑞利散射从本质上来说也是一种光的散射现象,但是,它是一种非常特殊的、需要满足特定条件才会出现的散射现象。

　　光是一种波,不同颜色的光,波长是不一样的,从红光开始,按照红、橙、黄、绿、青、蓝、紫的顺序,波长是越来越短的。当光在传播的过程中遇到一些直径非常小,小到不超过其波长十分之一的微粒时,瑞利散射就发生了。瑞利的研究发现，散射光的强度与入射光波长的四次方成反比，也就是说波长越短的光，在遇到相同的微粒时，散射现象越明显。由于瑞利散射发生时，光所遇到的微粒尺度都比较小，所以瑞利散射也被称为分子散射。

阳光中包含了七色光，而蓝光正好处于波长比较短的范围，并且它又是这个范围内占能量份额最多的。如此一来，在雨过天晴或秋高气爽时（此时空气中较大的微粒比较少，也就是说这个时候的空气是比较干净的，光的散射以瑞利散射为主），在大气分子的强烈散射作用下，蓝色光被散射至弥漫天空，天空于是呈现出醉人的蔚蓝色。

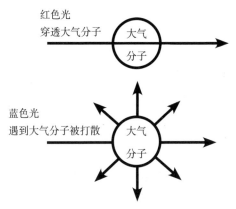

图9.3.2　瑞利散射示意图

其实，我们日常所见的海水之蓝也是瑞利散射的结果。我们看到的海水颜色与海水包含的物质成分有着密切的关系：在清洁的海水中，悬浮颗粒少，颗粒的直径很小，此时瑞利散射起着主要的作用，故而使得海水看起来呈现深蓝色。不过，对于海水呈现蓝色的原因，当初瑞利自己的解释却并不是这样的，瑞利认为海水之所以呈现蓝色是因为海水反射了天空的颜色。对于瑞利的这个看法，另一位叫拉曼的印度物理学家提出了质疑，他认为瑞利的解释并不是很合理。后来，拉曼在经过深入的思考和研究之后，终于发现海水之所以呈现蓝色，也是由于水分子对光

图9.3.3　拉曼

线的散射。后来，拉曼再接再厉，相继在固体、液体、气体中都发现了类似的光散射现象，也因为这些发现，拉曼获得了1930年的诺贝尔物理学奖，他的发现也被称为拉曼效应。

　　简单了解了瑞利散射之后，再来了解一点关于瑞利这位科学家的事情。瑞利其实不是他真正的名字，他的真名叫斯特拉特，只是因为他的祖父被英国皇室册封为瑞利男爵，他是第三代，所以被称为瑞利男爵三世。后来，因为他在科学上有着巨大的贡献，后人便不再称他斯特拉特，而尊称其为瑞利。就像另一位著名的物理学家开尔文一样，开尔文是他荣获的爵位称号，其本名为威廉·汤姆逊。一般来说，以爵位称号称呼其人，都是出于尊重的缘故。

　　瑞利是英国人，生于1842年11月12日。因为出身贵族，他从小就受到了良好的教育。他头脑聪敏，在中小学时代就才气初露。1860年，他以优异的成绩考入剑桥大学，1865年大

学毕业时，毕业成绩列最优等。当时剑桥的主试人指出："瑞利的毕业论文极好，不用修改就可以直接付印。"瑞利毕业后，在剑桥任教职，他对教学尽心尽力。1879年，瑞利开始担任剑桥大学卡文迪许实验室主任，他的前任是著名的物理学家麦克斯韦。瑞利对科研事业热情极高，投入了全部身心。瑞利在担任实验室主任期间，自己带头捐出500英镑，同时还向友人募集了1 500英镑，为实验室添置了大批的新仪器，使实验室的科学研究设备得到充实。瑞利的工作作风极为严谨，对研究结果要求极为准确，这一点，成了他在科学上做出杰出贡献的重要基础。在科学上以严谨、广博、精深著称的瑞利，善于在实验中用简单的设备获得十分精确的数据。气体密度测量本来是实验室中的一项常规工作，但是瑞利抓住常人不当回事的实验差异，做出了惊人的重大发现，这就是1892年瑞利从气体密度的测量中发现了第一种惰性气体——氩。1919年6月30日，瑞利逝世于英国埃塞克斯郡的威瑟姆。

　　如上所述，瑞利散射只是光的散射现象中的一种有选择性的散射，当太阳光传播过程中遇到的粒子尺度非常小的时候就会发生瑞利散射，这个时候散射的主要是其中的波长较短的色光。但是，当太阳光遇到的微粒较大时，散射就没有选择性了，也就是说此时不管哪一种波长的色光都将被散射，如此一来，就会使得天空呈现灰白之色。

　　灰白色的天空并不被人们所喜欢，蓝天白云永远是人们的最爱。当我们努力地保护环境的时候，蓝天属于我们；当我们肆无忌惮地破坏环境的时候，蓝天将远离我们而去。令人欣慰

图9.3.4　蓝天白云

的是，由于近年来北京空气治理力度持续加大，目前北京的天空正向"常态蓝"转变。

珍惜蓝天，就是珍惜我们的生命！

9.4　为探索天空献身的人

瑞利散射很好地解释了蓝天的成因，即大气分子对蓝光的散射使天空看上去是蓝色的。那么，在大气稀薄的高空，天空看上去又是什么颜色的呢？

为了探索天空，一些勇敢的科学家甚至献出了生命。这里，介绍苏联第二次同温层飞行科学探险活动的故事。

1934年1月30日，这是一个寒冷的日子，天气倒是非常晴朗。在苏联的一个广场上，人们手拿花束聚集在一起，在密切地关注着什么。广场上方的空中悬停着一个充满了氢气的大气球，下面悬挂着一个巨大的篮子，篮子用粗大的绳索固定在地上。看到这样的装备，就知道有人要升空远行了。这次即将远行的是三个人，三个为了探索天空而出征的勇士，他们即将告别亲人和朋友，勇敢地踏上征程。

绳索砍断之后，气球冉冉上升，地面上的景物在视野中变得越来越小，最后消失在了一片薄雾之中。空中的温度比地面更低，呼出的水汽几乎立刻就结成了冰，他们小心地记录下每一个位置的高度和温度。随着篮子里的沙袋不断地被扔出，气球上升得越来越高，高度很快就达到了8 000米。到了这个高度之后，他们注意到天空的颜色居然发生了变化，不再是从地面上看到的那种蔚蓝色，而变成了青色。

不过，这个高度并不是他们的终点，顾不上高空的孤寂感，他们继续勇敢地向高空前进。当他们到达11 000米的高度之后，天空的颜色变成了浅青色。到了13 000米之后，天空的颜色再次变化，变成了一种美丽、淡雅的浅紫色，接着紫色越来越暗。其实，淡紫色的出现并不是什么好事，这是一个危险的信号，表示此处的空气已经到了相当稀薄的程度，再进一步升高就非常危险了。如果在这个时候，三人停止向外面扔沙袋，同时释放掉一些气球里的氢气，他们还是可以安全返回地面的。但是，一种强烈的求知欲望，一种愿意为科学冒险的精神激励着他们继续向高空前进。

新的变化再次呈现在他们的眼前，天空的颜色由暗紫色变成了黑灰色。虽然此时太阳依然还在空中一如既往地照耀着，但是整个天空却是黑色的，给人的感觉就好像黑夜降临了一样。

就在这个时候，不幸的事情发生了：由于大气压强太低的缘故,气球爆炸了。后来,人们在距离出发地点数百千米的地方找到了气球的残骸,仪器已经完全损坏。不过,他们依然为人类留下了第一份完整的高空实测记录,其中记录了不同高度的温度、气压和天空的颜色。从记录来看,他们最后到达的高度已经到了21.6千米,这个高度已经是当时人类乘坐气球所达到的最大高度了。这三个人将自己的生命奉献给了科学事业,我们应该记住他们的名字:乌瑟斯金、瓦先科、费多谢延科。

我们将这三位勇敢的科学家发现的天空颜色情况整理如下:

从地面上看	蔚蓝色
8 000 米	青色
11 000 米	暗青色
13 000 米	暗紫色
20 000 米	黑灰色

之所以随着高度的变化天空的颜色会有这样的变化,主要是因为高度增加之后,大气的密度急剧降低,天空散射光变暗,颜色朝短波长发展,最后就全是黑的了。这种黑色的天空后来曾经被一个宇航员描述过:"太阳在高空悬挂着,像一个金色的大圆盘,而天空却像一面黑色的天鹅绒幕布,那一颗颗的星星就像镶嵌在黑幕布上的宝石一样,闪闪地发着光。"

9.5 朝阳红和夕阳红

红日初升,其道大光。朝阳,很多时候看起来是红彤彤的。

同样，夕阳在很多时候也是红色的。一道残阳铺水中，半江瑟瑟半江红，正是夕阳红的真实写照。那么，朝阳和夕阳为何大都是红色的呢？

图9.5.1　朝阳红

图9.5.2　夕阳红

　　朝阳红和夕阳红，其实也与光的散射现象有密切的关系。在日出和日落的时候，太阳光在进入我们的眼睛之前在大气层里行走的距离要比正午时分在大气层里行走的距离长得多，达到35倍左右的程度。正是如此大的差别，才导致了日出和日落时的太阳看起来是红色的，而中午的太阳看起来却是白色的。太阳光在进入大气层以前是白色的，在日出和日落时穿过那么厚的大气层之后，波长短的紫光、蓝光以至于绿光，都几乎被空气分子散射殆尽，最后到达人们眼睛里的时候，几乎只剩下波长较长的红光了，所以我们看到的太阳就变成了赤红色。事实上，红色并不是太阳本来的颜色。

　　说到这里，还是有必要提醒大家弄清楚两个不同的概念：色散和散射。这两种现象的名字虽然差不多，但却是两种完全不同的物理现象。色散是指复色光如白光分解为单色光的现象，彩虹的形成就是典型的光的色散现象；而光的散射则是指原本向前传播的光束在遇到了阻碍之后发散到各个方向的现象。

红灯停、绿灯行，这是基本的交通规则。但是，为什么是红灯停呢？解释或许有很多，但是笔者觉得从光的散射现象这个角度来解释是很有道理的。从上面和9.3节的介绍不难看出，在可见光的7种色光中，红光是最不容易发生散射现象的。正是因为红光有这个特性，才可以保证在诸如雾、霾、烟、雨等各种极端天气下红灯信号不受影响，以确保交通安全。

图9.5.3 交通信号灯

全。至于红灯、绿灯中间的黄灯，起到的则是一种警示提醒和缓冲的作用。说起黄色信号灯来，还有一段有趣的故事。

黄色信号灯的发明者是我国的胡汝鼎，他怀着"科学救国"的抱负到美国深造，在大发明家爱迪生为董事长的美国通用电器公司任职员。一天，他站在繁华的十字路口等待绿灯信号，当他看到绿灯正要过去时，一辆转弯的汽车"呼"的一声擦身而过，吓了他一身冷汗。回到宿舍，他反复琢磨，终于想到可以在红灯、绿灯中间再加上一个黄色信号灯，提醒人们注意危险。他的建议立即得到有关方面的肯定，于是红、黄、绿三色信号灯终于作为一个完整的交通信号工具出现在了世界上。

9.6　贝壳为什么有绚丽的色彩

踩着松软的沙滩，踏过清澈的海水，时不时地俯身捡起一枚枚色彩斑斓的贝壳，也许你曾有这样的经历。如果你将几枚贝壳托在手中慢慢欣赏的话，尤其是迎着阳光看过去，会发现在强烈的阳光下，贝壳呈现出五颜六色。这个时候如果变换一下观察角度的话，会发现贝壳的颜色立刻闪烁地变化起来，显得更加绚丽多彩。

图9.6.1　贝壳　　　　　　　　图9.6.2　各种贝壳

其实，无论是一般的贝壳，还是更有吸引力的珍珠，本身并没有绚丽的色彩。它们之所以能够呈现出五颜六色来，是与照射它们的阳光有关的。

原来，在贝壳或珍珠上，有许许多多极其微小的周期性凸起结构，它们像一个个小锯齿似的，只是一般情况下用我们的肉眼无法看见它们。当光在这些小锯齿上反射时，反射回来的光会发生周期性的叠加，这种叠加的效果与光透过许多小缝之后的叠加是一样的，叠加之后，光在不同的角度上出现加强或削弱。光透过许多小缝之后叠加的现象，就是光栅衍射现象。

在这种现象中，叠加加强的地方，看起来就显得很亮，而削弱
的地方，一般就是暗淡无光的。叠加加强或者削弱的区域与光
的颜色有直接关系，或者说与光的波长有关系。不同色光的波
长不同，它们叠加加强或者削弱的区域也就不同，有些地方绿
光加强，于是看起来就是绿色的；有些地方红光加强，于是看
起来就是红色的。

图9.6.3　衍射光栅图

　　贝壳表面的现象，其实就是光栅衍射中的反射光栅衍射，
贝壳和珍珠的颜色就是光栅衍射的结果。其实，带有周期性的
微小凸起结构的东西很多，比如过去留声机的唱片和现在的电
脑光盘，在太阳光的照射下，我们也可以在唱片和光盘上看到

图9.6.4　光盘上的色彩

彩色现象。

　　既然贝壳的色彩是光栅衍射的结果，我们不妨从头说说光学中的衍射现象。

　　在介绍什么是衍射现象之前，先看一个有意思的实验：找一张硬纸片，用刀片在它上面划出一条细长的口子来，然后隔着这条细长的口子去观察日光灯。这个时候，就可以看到日光灯发出来的白光居然有了七彩的颜色，非常好看。这个实验看到的现象就是所谓的光的衍射现象。

　　那么，怎么去解释光的衍射现象呢？

　　在光的衍射解释方面，目前公认的主要是惠更斯原理。根据惠更斯原理，光是一种波动（关于光到底是什么的问题，将在本书的姊妹篇《走进物理世界——电子技术与光本质探索》一书中专门介绍），在传播过程中，它所到的任何一点都可以看成一个新的波源，由这个新的波源再次向前发出次波；为了区别于原来的波源，把这些新的波源称为次波源，波的传播过程就是由次波源所发出来的次波彼此叠加的过程。

　　据此，在上面的实验中，日光灯的光通过狭缝的时候，狭缝上的任何一点都是一个次波源，发出的次波在不同角度上叠加的结果是不一样的，有的地方加强，有的地方减弱，从而形成了明暗相间的彩带。

　　光的衍射效应最早是由意大利物理学家弗朗西斯科·格里马第发现的，他也是"衍射"一词的创始人。当时，格里马第让点光源发出来的光束照射一个物体并投影到屏幕上，发现投影边缘是模糊的且能看到一些彩色光带，这是人们第一次明确地注意到衍射现象。"衍射"这个词源于拉丁语词汇diffringere，意为"成为碎片"，指波原来的传播方向被"打碎"、弯散到不同的方向。不过，遗憾的是格里马第观察到的现象直到1665年才被发表出来，而这个时候他已经去世了。格里马第提出："光不仅会沿直线传播、折射和反射，还能够以第四种方式传播，即通过衍射的形式传播。"

法国科学院曾经举办过一个关于衍射问题的有奖竞赛，菲涅耳最终赢得了这场竞赛。菲涅耳的职业是工程师，但是后来他对光学产生了兴趣，并且成为一位光波动说的坚定拥护者。1818年，菲涅耳向法国科学院提交了一份关于衍射的研究报告，在这篇报告中，除了关于衍射实验的介绍之外，还提出了惠更斯－菲涅耳原理，也就是上面提及的惠更斯原理。之所以要把惠更斯原理改称为惠更斯－菲涅耳原理，主要是因为菲涅耳在继承了惠更斯的次波概念的基础上，又进行了完善，使次波具有了频率、振幅和相位的内容，使得光的衍射理论更加完善。

菲涅耳的报告上交到科学院之后，很快就得到了评奖委员会诸位评委的关注。反对光波动学说的著名学者西莫恩·德尼·泊松提出，如果菲涅耳报告中的结论是正确的，那么当光射向一个不透明的圆板的时候，将会在圆板后面阴影区域的中心出现亮点。在泊松看来，这样的结果显然是荒谬的，绝不可能。为了验证到底谁的观点正确，菲涅耳按照泊松的描述做了实验，结果真的发现了那个亮点（后来被称为泊松亮斑）。菲涅耳的研究为惠更斯发展的光的波动理论提供了很大的支持。

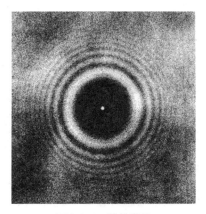

图9.6.5 泊松亮斑

在对衍射现象的探索过程中，人们也不断积累对衍射光栅的认识。17世纪，苏格兰数学家、天文学家詹姆斯·格雷戈里在鸟的羽毛缝间观察到了阳光的衍射现象，他是第一个发现衍射光栅原理的科学家，他在1673年5月13日写给约翰·科林斯的一封信中提到了此发现。1786年，美国天文学家戴维·里滕豪斯用螺丝和细线第一次人工制成了衍射光栅，他用这个装置成功地看到了阳光的衍射。

9.7 孔雀开屏的色彩秘密

孔雀开屏时，在孔雀的大尾屏上，我们可以看到五色金翠线纹，其中散布着许多近似圆形的"眼状斑"，这种斑纹从内至外依次是紫、蓝、褐、黄、红等颜色。更为有趣的是，如果我们不断地改变观察的角度，它们的颜色还会发生丰富的变化，一会儿淡雅，一会儿浓艳，在阳光的照射下更显得五彩斑斓。

图9.7.1　孔雀开屏

其实，与上节提到的贝壳和珍珠一样，孔雀尾羽的闪光效果也是光的衍射现象。在每一支羽毛上，有许许多多并排的纤毛，它们的周期性排列形成了类似反射光栅的结构，光在上面反射就会发出耀眼的闪光。当我们把孔雀羽毛拆散以后，这种明亮的颜色就会消失，一根散开的羽毛只呈现灰褐色。在自然界中，不仅仅孔雀会利用光的衍射打扮自己，许多其它鸟儿和一些甲虫也都具有这种天然的能力，比如尾巴闪耀着蓝绿色光的大公鸡、亮晶晶的金龟子、绚丽的彩蛾和蝴蝶，其实都是利用了这种光学效应使得它们自己变得美丽可爱的。

9.8　无色、白色、灰色和黑色

银装素裹，这是用来描绘雪后景象的词汇，一场大雪之后的世界，主色调当然是白色。地面上堆积的白雪，实际上是由一个个形状十分规则的小雪花组成的，而这些形状非常规则的六面结晶体本身的颜色其实是透明无色的。无数的无色透

图9.8.1　白雪世界

明的小雪花堆积到一起,显现出来的居然是一片洁白,何其怪哉!

　　当我们漫步在海边的时候,不时地可以看到海浪扑打在岸边的礁石上,卷扬起一层层浪花,这些浪花看起来都是白色的。但是,我们知道浪花其实是由无数的小水滴组成的,而每一个小水滴本身都是无色透明的。无数透明的小水滴聚集在一起,居然形成了白色的浪花,何其怪哉!

图9.8.2　浪花

蓝蓝的天上白云飘，白云下面马儿跑。天空中飘着的朵朵白云，看起来就像一团团棉絮，轻盈而洁白。但是，这些白云也是由无数透明的小水滴组成的。

图9.8.3　白云

大量无色透明的颗粒堆积到一起就显现出了白色，这种例子可谓举不胜举，比如我们吃的白砂糖、食盐、破碎的玻璃渣子，都是很典型的从无色到白色的例子。

为什么会出现这样的情况呢？我们不妨用玻璃来说明其中的道理。大家都知道，大块的玻璃是无色的，光照射在上面会发生反射和折射。因为反射光和折射光具有特定的方向，经过反射和折射的光的成分也和原来的光一样，不影响我们透过玻璃看到后面的物体，所以我们就感觉玻璃是透明、无色的。如果玻璃捣成碎渣，虽然每块碎渣还是无色透明的，但是它们的形状、大小不一，排列得也没有规则，颗粒间又夹杂着大量的空气，所以当光入射到上面之后，经过一系列的反射与折射甚至全反射，不仅使得反射光没有特定的方向，也使得大部分入射光被吸收掉了。于是，材料失去了透明性，不再是无色的了。当我们观察这种材料时，从表面反射出来的光没有特定的方向，但是包含原来入射白光中的一切成分，所以我们看到的颜色就变成了白色。

我们明白了从无色到白色的道理，那么为什么有的物体又呈现灰色呢？对于可见光的七色光谱大家还是很熟悉的，这里面并没有灰色存在，就好像找不到白色、黑色一样。脏的雪、灰色砖头、灰色布料、水泥地面甚至污染严重的天空，在我们的眼睛看起来都呈现出深浅不同的灰色。从光学的角度分析，灰色其实是许多色光的混合色，当它们的混合组成与白光相差不多，但是由于吸收等原因导致光的强度变得很弱的时候，就表现出灰色。

图9.8.4　灰色的水泥地面

除了灰色之外，我们周围还有很多黑色的东西，如黑皮包、黑板、黑头发等。黑色是因为这些物体能够把照射到它们表面的入射白光几乎全部吸收掉，从而导致物体反射回来的光线十分微弱造成的视觉效果。既然物体在这种情况下反射回来的光十分微弱，我们又是如何看到它们的呢？原来，这是黑色物体的周围有其它较为明亮的物体衬托的结果，如果周围也是黑色的，那我们的眼睛就不太容易将黑色的物体辨别出来了。

当我们站在屋外远望一座大楼时，假如它有一扇敞开的窗户，这个窗户看起来就是黑色的。即使这间屋子里的墙壁都是白色的，也不可能把窗口"染"成白色。为什么呢？因为当外面的光线射入窗口时，光线在屋内会经过曲折的反射和吸收等过程，如果屋内不开灯的话，就很难有光线再从窗口逃逸出去，这种光线只进不出的窗口对外面的人来说，看起来就是黑色的。这时的黑色非常接近于绝对的黑色。

十、光污染

10.1　光也有污染

阳光普照万物，没有了阳光，万物就无法生长。从严寒冬日人们在阳光下获得温暖，到用冰制成凸透镜聚光取火来煮熟食物；从生物的光合作用，到灯塔上的灯光指引渔人安全返航，人们在很多的方面都享受着光带来的好处。

可是，谁又能想到，就是这样可爱可亲的光，居然还会给我们的生活造成污染，有些时候甚至会非常严重，严重到危及人类生命的程度。

光污染主要是近年来风靡的一种新型装修形式——玻璃幕墙带来的。在现代的大都市里，玻璃幕墙随处可见，很多高大的建筑外面覆盖的全是一块块的玻璃，这些玻璃组成了整个大楼的特殊墙面。这样的装饰风格，的确很好看，但是在好看的背后却隐藏着意想不到的危害。

大面积的玻璃幕墙就像一面巨

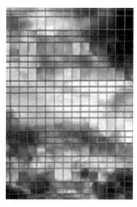

图 10.1.1　玻璃幕墙

大的镜子一样，会产生非常强
烈的反射光、聚焦光，这些光
对人的身体会产生不良的影响。
如果在这样的环境下长期生活
的话，身体就会感到难受，产生
头晕目眩、头痛、烦躁、失眠、
食欲不振、情绪低落等不良反
应。如果这种建筑的对面有居
民楼的话，很容易使得居民楼
的居室内光线太强烈，到处有
明晃晃的感觉，让人无法安然

图10.1.2　玻璃幕墙带来的麻烦

休息，尤其对老人、儿童是最为不利的。在炎热的夏天，玻璃
幕墙反射的强光会使得房间内的温度急剧升高，甚至可以引燃
易燃物品导致火灾的发生。

　　1851年，在英国伦敦工业博览会上第一次展出了玻璃幕
墙，到目前为止，这种特别的装修形式已经存在了近170年的
时间。我国的第一个玻璃幕墙高层建筑是1985年落成的北京
长城饭店。到了今天，在各个城市的高层建筑上，玻璃幕墙已
经成为一种非常普遍的装修形式。挺拔的玻璃幕墙，的确算是
现代文明的一种体现，但是，它闪烁的反射光带来的那些不良
影响也是我们必须加以正视的。在一段时间里，由于还没有找
到好的解决办法，这种不良影响的确影响了不少人的生活，所
以人们就把这种使人感到心烦、憋闷，影响身体和心理健康的
光称为"污染光"，这种现象则被称为"光污染"。

图10.1.3　光污染

　　严格地说，玻璃幕墙带来的这种光污染，只是属于光污染中的白亮污染。严格意义上的光污染是指继废气、废水、废渣和噪声等污染之后的一种新的环境污染源，主要包括白亮污染、人工白昼污染和彩光污染。最早提出光污染概念的是国际天文学界，天文学家于20世纪30年代提出的光污染问题是指城市室外照明使天空发亮，对天文观测造成了负面影响。后来，人们把光污染这个词拓展到了广泛的现实生活之中，泛指各种各样的不良的光应用给人类生产生活带来的负面影响。

　　太阳光强烈时，城市里建筑物的玻璃幕墙、釉面砖墙、磨光大理石和各种涂料等反射阳光，明晃白亮、眩眼夺目，由此带来的光污染就属于白亮污染。夜幕降临后，商场、酒店的广告灯、霓虹灯闪烁不停，令人眼花缭乱，有些强光束甚至直冲云霄，使得夜晚如同白天一样，此即人工白昼污染。在这样的

"不夜城"里，过强的光照影响了人的休息，使人夜晚难以入睡，扰乱了人体正常的生物钟，导致白天工作效率低下。舞厅、夜总会安装的黑光灯、旋转灯、荧光灯以及闪烁的彩色光源则构成了彩光污染。

图10.1.4　不夜城

对于玻璃幕墙带来的光污染，我们可以通过改进玻璃材料的制造工艺来降低其危害。不管怎么说，作为现代科技产物的玻璃幕墙，其美观、隔热、重量轻等优点是不可忽视的，在今后的高层建筑中它还会继续得到应用。不过，在文明的进程中，尽量减少或避免科技进步带来的对生态环境的破坏，将是一个永恒的课题，永远需要我们去关注和研究。

10.2　害人的眩光

"眩光"，也是一种光污染现象。眩光不但会造成视觉上的不适感，而且强烈的眩光会损害视觉甚至引起失明。1984年北美照明工程学会对眩光危害的定义为：在视野内由于远大于眼睛可适应的照明而引起的烦恼、不适或丧失视觉。在日常生活中，有一类人对于"眩光"的感受是最深刻的，那就是司机。夜间行驶的时候，司机最害怕迎面而来的强烈灯光，所以一个有素质的司机，在夜间道路上行驶的时候会慎重地使用自己的

图10.2.1　眩光

图10.2.2　眩光对驾驶员的干扰

远光灯。眩光的光源分为直接的和间接的，前者如太阳光、太强的灯光等，后者如来自光滑物体表面（高速公路路面或水面等）的反光。根据眩光产生的后果主要将其归结为三种类型：不适型眩光、光适应型眩光和丧能型眩光。

"眩光"会给人带来麻烦，但是有时候人们也会刻意利用一下这种麻烦。在第二次世界大战中，对于英国有重要战略意义的苏伊士运河面临着德国战机的轰炸破坏，运河建筑庞大，也很繁忙，传统的伪装方法显然很难使运河不被德军发现，对此有人提出了一个很好的建议："如果你想使某一样东西不被人看见，魔术师可以帮到你。"于是英国人找来一位著名的魔术师。魔术师沿着运河设置了许多旋转的探照灯，探照灯发出的强光对夜里光顾的敌军轰炸机驾驶员产生了"眩光"效应，使得他们很难发现运河的确切位置；同时敌机的挡风玻璃上常附着的灰尘、水珠及一些划痕使强烈的照射光束发生散射现象，进一步干扰了敌机驾驶员的视线。就这样，借助眩光，英国人在二战中成功地保住了苏伊士运河。

当然，对"眩光"也可以借助一些手段来降低其对人眼产生的不良影响。首先，在生活中我们可以通过调整某些环境因素来使视野中各种光线的亮度趋向一致，从而降低眩光的影响；其次，我们可以通过佩戴偏振光眼镜来消除眩光对我们眼睛的刺激，对阳光下高速公路路面、雪地和沙滩上的反光引起的眩光，都是可以通过佩带偏振光眼镜来消除疲劳、增强视力的。

除此之外，人们还从技术手段上想办法，直接从源头上寻找解决"眩光"的办法，无眩灯泡的发明就是其中的成果之一。所谓的无眩灯泡，就是在普通灯泡的玻璃灯罩的内层利用特殊工艺喷涂上一层凸透镜网膜，在1平方厘米的面积上大约均匀分布着1 000个左右的凸透镜。如此一来，单束强光透过这个网膜之后，经过大量凸透镜的折射被分散开来，直射光就变成了散射光。这样的处理，不仅不会降低光照强度，还能够达到最大程度降低眩光反应的效果。

10.3　经常遇到的紫外线污染

1800年，英国天文学家、物理学家赫谢尔在三棱镜光谱的红光端外发现了人眼不可见的光——红外线（关于红外线的发现，前面的8.11节曾加以介绍）。红外线发现后，人们很快就认识到它的神奇之处，将无数科学家的眼光吸引了过去。其中，一个叫里特的德国物理学家也对红外线产生了极大的兴趣，与此同时，他坚信事物具有两极对称性：既然可见光谱红端之外有不可见的红外线，那么在可见光谱的紫端之外也一定存在另外一种人眼不可见的光。带着这样的想法，里特进行了很多实验。

1801年的一天，里特的手头正好有一瓶氯化银溶液。对于这种溶液，当时的人们已经通过实验知道它在加热或受到光照时会分解而析出银，由于析出的银颗粒很小而呈现黑色。因为氯化银有这种特性，里特就想通过它将那一直隐藏着的太阳光七色光紫端以外的神秘光给找出来。里特用一张纸片蘸了少许氯化银溶液，把纸片放在太阳光经棱镜色散后七色光的紫光的外侧。过了一会儿，他果然观察到纸片上蘸有氯化银的部分变黑了，这种情况的出现充分地说明纸片的那一部分受到了一种看不见的光的照射。为了突出这种神秘光的化学反应作用，里特把紫光外的不可见光称为"去氧射线"。不久，这个名词又被人们简化为"化学光"，并且成为当时广为人知的名词。1802年，"化学光"更名为"紫外线"，一直沿用至今。

发现紫外线到现在已有210多年的历史了，在这210多年的过程中，由于紫外光源及测试技术的发展，人们对紫外线的基本性质有了更深入的了解。从物理光学的观点看，可见光和紫外线都是电磁波，它们都具有波动性和粒子性，这是它们的共性；但是，由于紫外线的波长比可见光更短，所以紫外线又具有它自己的许多特点，如紫外线荧光效应、生物效应和光化学效应等。弄清紫外线的基本性质，对于光源制造和紫外线技术的应用都是十分必要的。

在紫外线的应用方面，黑光灯是其中一个非常典型的例子。对黑光灯，千万不要顾名思义，这种灯发出的可不是黑光，而是人眼不可见的紫外线。笔者第一次听说黑光灯，还是陪着朋友去医院看皮肤病，当时医生建议他回去买一台黑光灯定时定量照射一番，有助于皮肤病的恢复。当时心中就十分好奇，这黑光灯到底是个什么玩意儿？在没

图10.3.1　医用黑光灯

有见到真东西的时候，就以为这种灯能够散发出神奇的黑光。一般而言，光总是与明亮联系在一起的，发黑光，那就太神奇了！等到读了说明书之后才明白，所谓的黑光灯其实就是一台紫外线灯。

黑光灯是一种特制的气体放电灯，它发出波长330～400纳米的紫外线，这是人类眼睛不敏感的光，所以把这种灯称为黑光灯。黑光灯看上去就像普通的荧光灯或者白炽灯泡，但它们发出的光是完全不同的。黑光灯可以在夜间用来诱杀昆虫，因为趋光性昆虫的视网膜上有一种色素，它能够吸收黑光灯发出的光并引起光反应，刺激视觉神经，通过神经系统指挥运动器官，使昆虫趋向光源。对黑光灯引诱来的害虫，再用化学或电的方法杀死。黑光灯诱杀害虫的技术在农业上得到了广泛的应用。

图10.3.2　诱杀害虫的黑光灯

黑光灯还有其它一些用途。鉴定家用它来检测古董的真伪，因为当今的许多涂料含磷，在黑光灯照射下会发光，而早期的大部分涂料不含磷。维修人员用它来找到机器中隐藏的裂缝：将少量的荧光染料注入燃料供给装置中，然后用黑光灯照射机器。例如，在空调的制冷剂中加入荧光染料，就可以检测出空调上肉眼看不到的漏洞。执法人员可以用它来鉴别钱币的真伪。游乐园和俱乐部用它来鉴别隐形的荧光手印，以确定是否允许特定的顾客重新入场。法医用它来分析案发现场，例如，为了提取指纹他们通常在黑光灯下撒上一些荧光染料，黑光灯还可以识别能够发出自然荧光的精液和其它体液。

紫外线是大自然对于人类的馈赠，可它的发现者里特却由于家境贫寒、生活清苦，正当他充满憧憬向科学高峰攀登时被肺病夺去了生命，死时年仅34岁，但他为人类做出的贡献是巨大的，值得我们永远怀念！

适量的紫外线照射可使人感到精神爽快，可以促进机体的新陈代谢。但是，强烈的紫外线照射对人体是有害的。紫外线对人体的伤害主要发生在眼角膜和皮肤上。紫外线对眼角

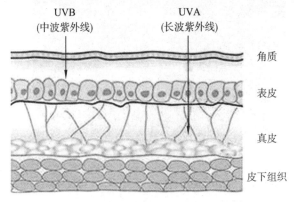

图10.3.3　长波紫外线可以直达皮肤的真皮层

膜的伤害表现为一种叫作畏光眼炎的角膜白斑,这种伤害具有强烈的疼痛感,还会导致受伤害者流泪、眼睑痉挛、眼结膜充血和睫状肌抽搐。紫外线对于皮肤的伤害主要是引起红斑和小水疱,严重时会使表皮坏死和脱皮。人体胸、腹、背部皮肤对紫外线最敏感。

研究表明,紫外线能引起细胞核内脱氧核糖核酸(DNA)的损伤,机体内在的缺陷可能使细胞不能对损伤的 DNA 进行修复,从而发生对变异 DNA 的复制。若机体的免疫系统不能及时清除这种变异的细胞,即机体免疫监视功能有缺陷,这种 DNA 变异的细胞将发生增殖,最终导致肿瘤的形成。因此,紫外线是导致皮肤癌的一个重要因素,烈日炎炎时出门应防晒。

10.4　激光笔的危害

2014年3月15日,质检总局网站发布了激光笔、儿童激光枪产品质量安全风险警示和消费提示。激光笔是什么?儿童

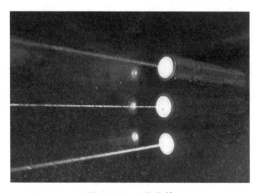

图10.4.1　激光笔

激光枪又是什么？质检总局为什么要发布这样的一个提示呢？

激光笔是一种演示类激光产品，带有激光器装置。儿童激光枪是指带有激光器的玩具枪产品。质检总局之所以针对这两种产品发布提示，是因为这两种产品会给人带来巨大的危害。下面讲述的是一个真实而具有悲剧色彩的故事。

鹏鹏在小学上三年级，课间班上几个男生拿出激光笔玩，比赛谁的射得远。鹏鹏觉得好玩，刚凑过去，一束红光直射他的眼睛。他愣了几秒钟后，觉得自己的右眼好像被一个圆圆的大黑点遮挡着。直到第2天，鹏鹏发现黑点怎么也消不掉时，才害怕地告诉了妈妈。妈妈将鹏鹏带到医院之后，医生做了非常认真的检查，检查的结果非常不乐观：左眼视力1.2，右眼视力仅为0.2，右眼底黄斑区上有一个被烧灼的圆疤。最令人感到遗憾的是，这种伤害居然是任何手术和治疗都无法恢复的。

一个小小的激光笔玩具，却带来了灾难性的后果！激光，为何有这么强大的破坏力？

要弄清楚激光为什么有那么强大的破坏力，首先要搞清楚光到底是怎么产生的，而激光的产生与普通光的产生有所不同，正是这种不同导致激光的威力巨大。

我们知道，原子是组成物质的基本微粒，而原子的内部又存在着一个原子核和绕着核快速运动的电子。按照著名物理学家玻尔的说法，原子里面的电子都有它们特定的轨道，电子处在不同的轨道上意味着原子有不同的能量状态，称为能级。一般情况下，电子都处在最稳定的轨道上，即处于最低能级。

当原子从外界吸收能量之后，处于稳定轨道的电子就会跳到那些不稳定的轨道上。但是，因为不稳定，很快电子就从这些轨道往回跳，最终跳回最稳定的那个轨道。在这种往回跳的过程中，多余的能量就会被释放出来，这就是光。跳回的过程是随机的，所以发出来的光也是各种各样的。比如，如果有一群电子处在第4轨道上的原子，这些电子往回跳的时候，跳跃的可能性就有6种，即4到1、4到2、4到3、3到2、3到1和2到1，如此一来，发出来的光也就有6种不同的频率，即有6种不同的颜色。

那么激光呢？激光的理论基础来自于大物理学家爱因斯坦。1917年爱因斯坦提出了一种全新的"光与物质相互作用"理论。这一理论是说高能级上的电子受到某种光子的激发，会从高能级跳到低能级上，同时辐射出与激发它的光相同的光，而且在某种状态下，能出现弱光激发出强光的现象，这就叫

图10.4.2 爱因斯坦

“受激辐射的光放大”，简称激光。

　　1958年，美国科学家肖洛（Schawlow）和汤斯（Townes）发现了一种神奇的现象：当将氪光灯泡所发射的光照到一种稀土晶体上时，晶体的分子会发出鲜艳的、始终会聚在一起的强光。根据这一现象，他们提出了“激光原理”，即物质在受到频率与其分子固有振荡频率相同的光激发时，都会产生这种不发散的强光——激光。

　　1960年5月15日美国加利福尼亚州休斯实验室的科学家梅曼宣布获得了波长为0.6943微米的激光，1960年7月7日梅曼宣布制成了世界上第一台激光器。

图10.4.3　梅曼与激光器

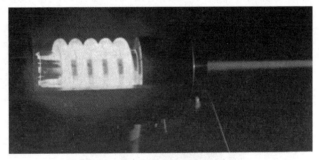

图10.4.4　激光器发出激光

　　激光的颜色取决于激光的频率，而频率取决于发出激光的活性物质，即被刺激后能产生激光的那种材料。刺激红宝石能产生深玫瑰色的激光束，它可以应用于医学领域，比如用于皮肤病的治疗和外科手术。刺激氩气能产生蓝绿色的激光束，它的用途很多，如用于激光印刷术，在显微眼科手术中也是不可缺少的。半导体产生的激光是红外光，它恰好能"解读"激光唱片，并能用于光纤通信。

激光的能量密度很大（因为它的作用范围很小，一般只有一个点），能够在短时间里聚集起大量的能量，也正因为如此，它的威力非常巨大，甚至可以作为武器使用。当然，这也意味着如果我们用不好激光的话，它将会给我们带来不可恢复的伤害。

对人体来说，激光最容易伤害的就是我们的眼睛。激光能烧伤生物组织，尤其对视网膜的灼伤最多见。因为激光束能通过眼自身的屈光系统在视网膜上聚焦成一个非常小的光斑，使光能高度集中而导致灼伤。激光聚于感光细胞导致过热而引起的蛋白质凝固变性是不可逆的损伤，一旦损伤就会造成眼睛的永久失明。远红外激光对眼睛的损害则主要以角膜为主，这是因为这类波长的激光几乎全部被角膜吸收，所以角膜损伤最重，主要引起角膜炎和结膜炎。

正是因为激光具有这样的潜在危险，质检总局才有了那样的一份提示。毕竟，无论是激光笔还是儿童激光枪，其作为玩具的使用主体都是孩子，而孩子的危险防范意识比较弱，自我保护意识也不强，所以，我们并不主张孩子们玩这样的玩具。如果要玩，则应保证这些玩具发出的激光能量在安全的范围之内。而且，我们一定要告诉孩子，即便是最低能量的激光，也绝对不要把激光对着自己或他人的眼睛照射。

激光诞生之后，已经在人类生产、生活的很多领域大展身手。

利用激光来切割金属，这是激光的一个很重要的用途。由于激光光斑小、能量密度高、切割速度快，因此激光切割能够获得较好的切割质量。激光切割切口细窄，切缝两边平行并且与表面垂直，切割零件的尺寸精度可达 ±0.05毫米。切割表面光洁美观，表面粗糙度只有几十微米，甚至激光切割可以作为最后一道工序，无须机械加工，零部件可直接使用。除此之外，激光切割还具有切割效率高、不存在工具磨损、切割材料的种类多等优点。

图10.4.5　激光切割

但是，任何东西都是有双面性的，激光切割同样有其缺点。一方面，受到激光器功率和设备体积的限制，目前激光切割在切割厚度上还是有着一定的限制的，而且在实际切割的过程中随着切割厚度的增加切割效率会明显降低；另一方面，目前的激光切割设备非常昂贵，投资成本很大。

除了激光切割和前面提到的激光用途之外，还可以将激光用于焊接，用激光来打孔等。另外，激光通信、激光成像、激光涂敷、激光热处理、激光打标等，也是激光大展身手的场合。其实，就是本节开头提到的激光笔，在教学、会议、汇报、引导等事务中也是可以发挥很好的作用的。激光笔又称为激光指示器、指星笔等，是用半导体激光模块制成的笔形可见激光发射器，用它来投映一个光点或产生一条光线指向物体很方便，目标性很明确。但是，不管什么时候都要牢牢记住：不要将激光笔对着眼睛，不管是自己的还是别人的。

激光是20世纪以来，继原子能、计算机、半导体之后，人类的又一重大发明，被称为"最快的刀""最准的尺""最亮的光"。科学是一把双刃剑，在享受激光给我们带来的种种便利时，一定要有安全意识。其实，科学技术本身没有好坏之分，关键在于掌控技术的人，人的道德品质决定着科学技术在我们的生活中扮演怎样的角色。